ASSOCIATION

VÉTÉRINAIRE

DES DÉPARTEMENTS

DU NORD & DU PAS-DE-CALAIS.

DOCUMENTS

RELATIFS A L'ÉPIZOOTIE.

DOUAI

IMPRIMERIE LUCIEN CRÉPIN

32, RUE DES PROCUREURS, 32.

1866.

ASSOCIATION
VÉTÉRINAIRE

DES

DÉPARTEMENTS DU NORD & DU PAS-DE-CALAIS

DOCUMENTS RELATIFS A L'ÉPIZOOTIE.

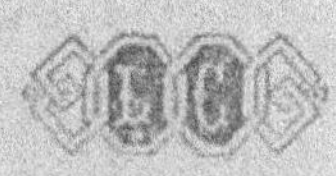

DOUAI

LUCIEN CRÉPIN, ÉDITEUR

Imprimeur des Sociétés scientifiques et littéraires de Douai

32, Rue des Procureurs, 32.

— 1865 —

ASSOCIATION
VÉTÉRINAIRE

DES

DÉPARTEMENTS DU NORD & DU PAS-DE-CALAIS

DOCUMENTS RELATIFS A L'ÉPIZOOTIE.

I.

(*Extrait de la* Gazette des Hopitaux *du samedi 12 août 1865.*)

PESTE DES BESTIAUX EN ANGLETERRE.

Ceux de nos lecteurs qui pratiquent l'art vétérinaire ne seront sans doute pas indifférents à une traduction d'un article du *Medical Times,* qui s'occupe d'une peste des bestiaux qui sévit en ce moment en Angleterre.

Voici ce que rapporte le journal anglais; ce sont des notes prises auprès du professeur Gamgee à Albert veterinary College.

Le rédacteur a assisté à l'autopsie d'une vache, et il s'exprime ainsi :

Parmi les lésions anatomiques observées, la plus importante était une lésion des intestins, dont la membrane muqueuse était rouge dans toute son étendue, et une coloration jaunâtre de l'intestin ; puis une exsudation dans les plaques de Peyer, qui les faisait saillir à la surface de l'intestin, surtout sur son bord libre. Dans les points où existaient ces plaques, on trouvait l'intestin rempli d'un liquide chocolat. Il n'y avait pas d'ulcérations intestinales. Le hasard nous ayant fourni l'occasion de faire l'autopsie d'une petite fille morte de fièvre typhoïde pendant la première période, nous avons pu comparer les lésions intestinales dans l'espèce humaine et dans l'animal en observation : l'exsudation avait les mêmes caractères.

Depuis, ajoute l'auteur de l'article du *Medical Times*, nous avons examiné d'autres bœufs. Outre les lésions précédentes, nous avons trouvé des hémorrhagies intestinales interstitielles, de la rougeur et du gonflement de la muqueuse du gros intestin ; puis une rougeur de la muqueuse des fosses nasales, avec des épanchements de matière plastique et de sang en des points où l'épithélium faisait défaut ; et, enfin, des exulcérations de la membrane muqueuse du larynx et de la trachée.

Les vaches étaient amenées des pâturages quelquefois avec un emphysème sous-cutané généralisé, et presque toujours il y avait de l'emphysème auteur des reins.

L'auteur de l'article que nous traduisons juge que la peste du bétail n'est pas identique à la fièvre typhoïde de l'homme, parce que chez les animaux les lésions des muqueuses sont plus générales. La maladie, dit-il, est certainement contagieuse.

Le professeur Gamgee pense que la contagion peut s'exercer par d'autres agents que les bestiaux. D'après lui, les choses se seraient ainsi passées dans un cas. Un propriétaire de quarante-cinq bœufs bien portants était allé au marché, où il avait vu quelques bestiaux atteints de la maladie. Il s'était approché d'eux à une petite distance. Une semaine après, il a vu quelques-uns de ses animaux tomber malades, et présenter des signes de la maladie dont il avait remarqué des exemples au marché aux bestiaux, et il s'est défait de ses vaches.

M. Gamgee croit que l'épidémie a pris naissance au marché de Londres, qui a lieu trois fois par semaine, d'où elle a été portée au loin grâce au renouvellement des bestiaux.

Le rédacteur du *Medical Times* ajoute que 2,000 bœufs environ ont été perdus pendant le mois de juillet dans le voisinage de Londres seulement ; et il termine son article par un appel à des mesures de salubrité pour arrêter la contagion et empêcher le commerce des animaux morts. Et il dit en passant qu'on reconnaît que la viande de boucherie provient des animaux morts de la maladie épidémique à la coloration noire des os.

Le reste de l'article du journal anglais renferme l'expression d'une panique générale ; on prévoit l'effet fâcheux que causera le manque de lait et de viande de boucherie, qui sont d'une cherté rare, et il est recommandé au personnel des paroissses et au Conseil des districs de surveiller eux-mêmes les bonnes conditions hygiéniques du bétail, et l'ensevelissement de tous les débris des animaux morts.   A. D.

II.

(*Extrait de l'*Union Médicale *du 2 septembre 1863.*)

ACADÉMIE IMPÉRIALE DE MÉDECINE.

Séance du 23 août 1863. Présidence de M. Bouchardat.

TYPHUS CONTAGIEUX DES BÊTES À CORNES EN ANGLETERRE.

M. H. Bouley : Une épizootie des plus meurtrières règne en Angleterre depuis le milieu du mois de juillet, et M. le ministre de l'agriculture m'a fait l'honneur de me donner la mission d'aller l'étudier sur les lieux. Cette mission, je suis en train de la remplir, car je ne suis que de passage en France pour le moment ; mais puisque l'Académie désire être mise au courant des résultats de mes premières investigations, c'est pour moi un devoir de satisfaire à son invitation, et je puis le faire d'autant plus librement, que les faits dont j'ai à parler sont aujourd'hui de notoriété publique.

Lorsqu'il y a quinze jours, je me rendis en Angleterre, une grande incertitude régnait en France, d'après les récits des journaux anglais, sur la nature de la maladie qui sévissait sur le gros bétail. Les premiers actes émanés du Conseil privé de la Reine semblaient témoigner eux-mêmes qu'on ignorait à quelle maladie on avait affaire. Cependant, M. le professeur Simonds, du Collège royal vétérinaire de Londres, ne s'y était pas trompé. Douze vaches étant tombées tout à coup malades dans un *dairy* (laiterie), et d'une manière étrange, on crut à un empoisonnement. M. le prsfesseur Simonds, consulté, reconnut, dans la maladie de ces bêtes, les signes certains du typhus contagieux des bêtes à cornes, de la *Rinder-pest* des Allemands, qu'il avait été étudier douze ans auparavant dans la Gallicie. L'opinion de ce savant ne prévalut pas cependant, et aujourd'hui encore, malgré l'évidence des faits, un

très grand nombre de journaux quotidiens soutiennent la doctrine que la *cattle-plague*, c'est
le nom qu'on donne à l'épizootie actuelle en
Angleterre, n'est pas le typhus des steppes,
mais bien une maladie indigène, developpée
dans les *dairies* de la métropole, sous l'influence
des mauvaises conditions hygiéniques, de l'en-
combrement, du défaut de ventilation, etc —
Je ne veux pas rechercher ici si, en soutenant
cette manière de voir, les grands journaux politiques, le *Times* notamment, ne s'inspirent pas
exclusivement des grands intérêts commerciaux
qui sont en jeu, et auxquels peut nuire la doctrine qui considère la peste bovine de l'Angleterre comme une maladie de provenance étrangère. Ce qu'il y a de certain, d'absolument
certain pour moi, c'est que cette peste bovine
est bien notre *typhus contagieux des bêtes à
cornes*, la *Rinder-pest* des Allemands; et comme
il résulte des savantes investigations des vétérinaires allemands et russes, et des recherches que
notre regretté collègue, M. Renault, a exposées,
il y a quelques années, devant l'Académie de
médecine, dans un mémoire qu'il fit alors une
profonde sensation, que la peste bovine est originaire des steppes de l'Europe orientale;
qu'elle ne trouve que là les conditions de son
développement spontané; que jamais elle ne se
manifeste, dans l'Europe occidentale, sous l'influence des causes générales et communes aux-

quelles on l'avait à tort attribuée, on est en droit
de conclure que cette maladie n'a pas pris naissance dans les *dairies* de la métropole anglaise,
comme beaucoup journaux le soutiennent à tort
mais qu'elle y a été importée par des bestiaux
de provenance de steppes. Sur ce point d'étiologie, la science est armée, aujourd'hui, de documents trop positifs, pour que le doute soit
permis. Le typhus est une maladie des steppes.
Il ne trouve que dans les steppes les conditions
de sa génération spontanée ; c'est là qu'est son
germe, et là exclusivement. Nulle part ailleurs,
le typhus ne se développe, quelles que soient, du
reste, les mauvaises conditions hygiéniques auxquelles les animaux de l'espèce bovine puissent
être exposés.

C'est là une vérité reconnue à présent de tous
les hommes qui ont étudié le typhus dans les
documents aujourd'hui si nombreux et si complets, publiés en Allemagne et en Russie sur
cette ruineuse maladie.

Le typhus qui sévit actuellement sur l'Angleterre n'est pas une maladie nouvelle, comme on
l'a cru dans ce pays, aux premiers jours ee son
apparition. L'Angleterre l'a connu , pour son
malheur, en 1713 et en 1745 ; il a souvent visité la France, l'Italie et l'Espagne, dans le cours
du dernier siècle, marchant presque constamment à la suite des armées du nord de l'Europe,
dont les troupeaux d'approvisionneme nt pro-

viennent, en grande partie, des pays où cette maladie règne presque constamment à l'état endémique. La dernière visite qu'il nous a faite, en France, est celle de 1814, et ce n'est pas une des moins grandes misères que l'invasion des alliés nous ait infligées, car il a sévi sur notre pays pendant près de quatre années consécutives, et les pertes qu'il nous a causées ont peut-être été de 4 à 500,000,000 de francs. Pris un peu à l'improviste, je n'ai pas sur ce point, pour le moment, de données exactes.

Quand on étudie les documents que les médecins célèbres du dernier siècle nous ont laissés sur le typhus, tels que Ramazzini, Lancisi, Buniva, il est presque toujours possible de trouver dans une circonstance qu'ils relatent, sans y attacher toute l'importance que nous y trouvons aujourd'hui, la confirmation de la doctrine moderne sur l'étiologie de cette affection. Dans la plupart des cas, on voit l'invasion de la maladie remonter à l'introduction d'un bœuf des steppes dans la localité où son explosion s'est faite.

Si l'épizootie actuelle de l'Angleterre dépendait, comme on est trop porté à le croire dans ce pays, des mauvaises conditions hygiéniques auxquelles les vaches sont soumises, conditions dont les chaleurs de l'été auraient exagéré l'influence, on ne s'expliquerait pas comment ces conditions, dont l'action est incessante, auraient laissé l'Angleterre indemne du fléau pendant une longue période de cent dix ans, car la date de la dernière invasion est celle de 1745.

C'est donc vraiment le typhus des steppes qui règne en Angleterre, et non une maladie qui serait née sous l'influence de causes toutes locales. Comment s'y est-il introduit? Quand bien même on n'aurait sur ce point aucun renseignement, la doctrine de l'*extranéité* de la maladie n'en devrait pas moins être acceptée, car cette maladie est le typhus. Mais les renseignements ne font pas défaut, et quoique je n'aie pas encore entre les mains les documents nécessaires pour donner sur la filiation des faits des détails précis, un fait est certain, c'est que, avant l'apparition du typhus à Londres, un convoi, composé de trois cents animaux, avait été embarqué à Revel, dans le golfe de Finlande, à destination pour l'Angleterre, et y était arrivé par Lubeck et Hambourg, après une traversée de six jours environ, grâce à la rapidité des moyens de communication.

Du reste, on peut voir tous les lundis, sur le marché métropolitain de Londres, des animaux de toutes provenances ; la Prusse, l'Autriche, les Duchés, la Podolie, la Pologne, la Hongrie, l'Espagne, la France, y fournissent leur contingent. Sur 6,000 animaux, il y a près de 3,000 étrangers.

L'Angleterre agit sur toute l'Europe comme une immense ventouse en attirant à elle, pour la consommation de ses habitants, une immense quantité de viande ; et c'est parce que ses prix sont assez rémunérateurs, que les marchands ont trouvé bénéfice à aller faire leur approvisionnement jusque dans le golfe de Finlande, c'est-à-dire jusque dans les provinces russes où le typhus est endémique.

Une fois le typhus déclaré dans les *dairies* de la métropole, il n'a pas tardé à se répandre dans toutes les directions, parce que, malheureusement, le gouvernement ne s'est pas trouvé armé de lois suffisantes pour mettre obstacle à son expansion. Les propriétaires des étables sur lesquelles la maladie commençait à sévir, se sont empressés de conduire sur les marchés celles de leurs vaches qui n'étaient pas encore malades, mais qui portaient en elles le germe du fléau, et ces animaux l'ont ainsi disséminé dans toutes les directions. Aujourd'hui toute la Grande-Bretagne est envahie et l'Ecosse à sa suite, et il m'a été possible, en visitant les *dairies* d'Edimbourg, de constater que le typhus y avait été importé par des vaches achetées sur le marché de Londres. Le gouvernement a fait ce qu'il a pu, dans les limites de la légalité, a laquelle il est forcé de s'astreindre. Les détenteurs d'animaux malades sont obligés à la déclaration. Ils ne peuvent plus les laisser sortir de leurs étables

sans l'autorisation d'un inspecteur, délégué par
le Conseil privé. Mais ces mesures ont eu le tort
d'être tardives, et puis, elles sont insuffisantes
et d'une difficile application, en raison de l'esprit qui règne en Angleterre et de la résistance
que l'Anglais oppose à l'ingérance du gouvernement dans ce qu'il regarde comme ses affaires
particulières. On a le culte, en Angleterre, du
self-government, et plus d'un inspecteur s'est vu
refuser la porte du *Home*, sacré pour tout Anglais, malgré ou, pour mieux dire, à cause du
caractère officiel dont il était revêtu.

Cette liberté, qui a son bon côté, je ne le
conteste pas, sera, dans la circonstance actuelle,
féconde en grands désastres. L'Irlande seule a,
jusqu'à présent, échappé aux ravages du fléau,
mais il n'a fallu rien moins, pour obtenir ce résultat, que l'énergique résistance du lord-lieu-
tenant, qui n'a pas craint d'assumer sur lui la
responsabilité, si grave dans un pays comme
l'Angleterre, de la violation de la loi, en mettant
en quarantaine, de son autorité privée, des bestiaux importés de l'Angleterre pour l'Irlande ;
d'un autre côté, il y a eu en Irlande comme une
insurrection pacifique, manifestée par des mee-
tings nombreux, et enfin les Compagnies de chemins de fer s'associant à ce mouvement, ont refusé de transporter les bestiaux d'importation
anglaise. Le Conseil privé a bien été forcé de se
rendre devant une si énergique manifestation, et

il a édicté la défense de l'importation des bestiaux d'Angleterre en Irlande, importation dont
le chiffre est minime, relativement au mouvement inverse ; car, tandis que l'Irlande fournit
à l'Angleterre, par année, 450,000 têtes de bétail, elle n'en reçoit que 7,000. Ainsi s'est trouvée préservée cette province qui, dans ce moment de détresse, peut être pour l'Angleterre un
grenier de réserve.

Le typhus des bêtes à cornes est, de toutes
les maladies, qui attaquent nos animaux, celle
dont les propriétés contagieuses sont le plus
développées. Un seul animal malade dans une
étable suffit pour infecter tous ceux qui l'habitent. Il suffit pour qu'un troupeau contracte
le typhus qu'il se trouvent *sous le vent* d'un
animal infecté. Voici un exemple entre autres :
le lendemain de mon arrivée en Angleterre,
j'allais visiter, à quelques lieues de Londres, un
magnifique pacage où se trouvait enfermé depuis plus de six mois un troupeau d'une quarantaine de bêtes de deux ans, qui depuis cette
époque n'avaient eu aucune communication directe avec d'autres animaux de leur espèce. La
majorité des bêtes de ce troupeau était infectée
et quatre cadavres étaient sur le sol. Comment
le typhus avait-il pénétré dans ce pacage, isolé
de toutes habitations, et où se trouvaient réunies
les meilleures conditions hygiéniques possibles ?
La route passait à quelques mètres au-dessous

du pacage, et cette route était fréquentée par des animaux malades. La maladie s'était transmise par les effluves, que l'on peut appeler pestilentielles, qui s'étaient dégagées du corps de ces animaux. Ce fait n'est pas nouveau, du reste, dans l'histoire du typhus ; bien d'autres analogues ou identiques pourraient être rapportés.

Les propriétés contagieuses du typhus sont telles que sa transmission peut s'opérer par l'intermédiaire des vêtements des hommes qui sont restés en rapport avec les animaux infectés. Les auteurs qui ont écrit sur le typhus, dans le siècle dernier, admettent comme certain ce mode de propagation et d'anciennes ordonnances de police sanitaire, édictées en vue de prévenir l'invasion de cette maladie en France, prescrivaient une quarantaine pour les voyageurs venant des pays infectés.

Je ne crois pas, d'après ce que j'ai vu en Angleterre, qu'à cet égard on ait rien exagéré. Voici un fait qui tend effectivement à prouver la transmission possible du typhus par les vêtements : Un propriétaire d'une laiterie très-isolée, dont les animaux étaient dans des conditions parfaites de santé, se rend au marché des bestiaux pour avoir des nouvelles : il voulait savoir ce que c'était que cette maladie dont parlaient tous les journaux. Après cette excursion, il entre dans son étable avec les vêtements qu'il portait au marché, et huit jours après, le typhus y faisait invasion. Cet homme avait la conviction que c'était lui-même qu'il l'y avait introduit, et je crois, pour ma part, que cette conviction était fondée.

Maintenant, Messieurs, voici, en quelques mots, les caractères les plus saillants de cette terrible maladie : La période d'incubation varie entre cinq et treize à quatorze jours. Ses premières manifestations objectives sont l'abattement, la prostration, avec une expression particulière du regard que je ne saurais mieux exprimer qu'en disant que l'animal a l'air sombre. Il est comme absorbé et reste inattentif aux excitations extérieures, Sa tête est un peu tendue, fixe, avec les oreilles immobiles et portées en arrière. Souvent, dès cette première période, la respiration laryngée est un peu sonore et peut être entendue à distance.

La rumination n'est pas absolument suspendue, mais elle ne s'effectue plus avec sa régularité physiologique. L'animal grince des dents et baille fréquemment ; les reins étaient plutôt raides que facilement dépressibles sur les différents sujets que j'ai observés.

Puis, apparaissent des tremblements généraux, manifestés surtout en arrière des épaules, aux jarrets et aux fesses, avec des alternatives de chaleur à la peau et d'abaissement de température, notamment à la base des cornes et aux extrémités.

Les yeux pleurent, et les larmes qui s'en écoulent en abondance ont une telle âcreté, qu'elles creusent sur le chanfrein comme une sorte de sillon. L'épiderme se détache sur les régions de la peau où elles se sont répandues, comme à la suite de l'application d'un topique vésicant.

Un jetage s'effectue, par les orifices des cavités nasales, d'un liquide d'abord séreux et âcre comme les larmes, et produisant, comme elles, l'érosion épidermique des parties de la peau avec lesquelles il reste en contact. Avec les progrès de la maladie, les humeurs des yeux et des cavités nasales deviennent purulentes, et souvent, à cette époque, l'air exhalé par les cavités nasales répand une odeur fétide ; à ce moment aussi la respiration devient plus difficile et s'accompagne, dans le larynx, d'une sorte de bruit de cornage que l'on entend à distance, en entrant dans les étables.

De la bouche s'écoule une salive écumeuse qui forme des flocons blanchâtres autour des lèvres. L'épithélium de la muqueuse buccale est soulevé par de la sérosité, sur les gencives et le bourrelet de la mâchoire supérieure ; et son adhérence aux papilles de la face interne des joues est si faible qu'il suffit, pour l'en détacher, d'une simple pression de la pulpe des doigts.

A une période plus avancée de la maladie , la tête est agitée, d'un côté à l'autre, d'une sorte de branlement qui a une certaine analogie avec celui des vieillards, et en même temps les mouvements rapides de la respiration lui impriment une secousse de bas en haut, qui coïncide avec l'expiration.

La diarrhée ne tarde pas à se manifester : ce sont d'abord les matières alimentaires qui sont expulsées liquides, d'une manière torrentueuse, peut-on dire, et associées à des gaz qui leur donnent une fétidité caractéristique ; puis, quand le canal est vide, les produits des déjections deviennent séreux, et enfin, à la dernière période, ils sont sanguinolents et de plus en plus fétides.

A mesure que la maladie progresse, les forces s'affaiblissent, au point que les animaux conservent de préférence la position décubitale ; la stupeur est extrême, les yeux s'enfoncent profondément dans les orbites, une humeur purulente remplit le vide qui s'est formé entre le globe et les paupières ; la matière du jetage est épaisse, mêlée de stries sanguines et très fétide ; la température du corps est sensiblement abaissée, et quand on appose les mains sur la peau du dos et des lombes, on perçoit une sensation analogue à celle que donne le toucher d'un animal à sang froid ; souvent à cette période un symptôme se manifeste, déjà signalé par les anciens auteurs, et très caractéristique : je veux parler de l'état

emphysémateux du tissu cellulaire, notamment
à la région supérieure du corps, le long de l'é-
pine. Quand on palpe ces régions, on les sent
crépitantes, et leur percussion rend un bruit analogue à celui qu'on perçoit lorsque, dans les boucheries, on frappe sur la peau d'un bœuf soufflé.

Lorsque ce symptôme est apparu, les animaux
sont devenus tout à fait insensibles. Aussi les
mouches les couvrent-elles comme si déjà ils
étaient des cadavres. Elles s'accumulent autour
des ouvertures naturelles et y déposent leurs
œufs qui, quelquefois, ont le temps d'y éclore ;
d'où l'apparition d'un fait que quelques auteurs
ont pris pour une expression spéciale de la maladie, mais qui n'est évidemment qu'un épiphé-
domène, sans relation spéciale avec elle.

Dans les femelles, il existe un système com-
mode pour le diagnostic de l'affection, lorsqu'on
doit passer en revue un certain nombre de bêtes
et formuler un jugement rapide : ce symptôme,
c'est la coloration particulière de la membrane
du vagin qui a une teinte rouge d'acajou, avec
des marbrures d'une nuance plus foncée.

L'amaigrissement rapide et profond des sujets
est un des caractères propres à cette affection, et
qui s'accuse à un degré d'autant plus marqué
que la vie se prolonge davantage. Les sujets deviennent alors véritablement étiques. Leurs muscles, effacés et comme parcheminés, laissent ap-

paraître tous les reliefs du squelette, notamment à la région du bassin, dont les excavations se creusent profondément.

La mort survient d'ordinaire du troisième au douzième jour ; rarement la vie se prolonge au-delà de cette dernière période.

Voici maintenant les lésions les plus remarquables que l'on constate dans cette maladie :

Dans le troisième estomac, ou *feuillet*, injection des lames multiples de cet appareil ; taches ecchymotiques diffuses sur un grand nombre ; perforations ulcéreuses de quelques-unes ; dessication sous forme de galettes des matières alimentaires interposées entre elles.

Dans la caillette, quatrième estomac, injection très vive de toutes ses duplicatures, qui ont une couleur rouge d'acajou, et, dans quelques cas, ulcérations multiples disséminées à leur surface. Ces ulcérations reflètent une teinte blanche lavée.

Dans l'intestin grêle, plaques gaufrées formées par la confluence de pustules pleines ou ulcérées sur les glandes de Peyer. J'ai eu l'occasion de constater cette lésion très caractérisée sur l'un des veaux du pacage isolé dont j'ai parlé plus haut.

Cette lésion n'est pas constante dans l'intestin grêle ; mais ce que l'on observe constamment sur la muqueuse de cet intestin, c'est l'injection générale, avec des vergetures longitudinales, coupées irrégulièrement par des vergetures transverses, qui dessinent sur la membrane un réseau irrégulier à grandes mailles, extrêmement caractérisé.

Dans le colon, petites ulcérations, extrêmement nombreuses, dans la profondeur desquelles est attaché un petit caillot de sang, formant relief dans l'intestin ; en enlevant ce caillot par le grattage, on met à nu l'ulcération assez profonde qui lui servait comme de point d'insertion. Injection générale de toute la muqueuse du colon et de celle du rectum, vergetée et aréolée comme la muqueuse de l'intestin grêle. La rate est généralement saine.

Taches pétéchiales et ecchymoses profondes dans le cœur.

Emphysème général du poumon, dont les lobules sont isolés entre les lames épaisses du tissu cellulaire, qui sont soufflées par les gaz exhalés dans leurs aréoles, comme dans celles du tissu cellulaire sous-cutané.

Injection de la muqueuse des bronches et du larynx, et exsudation à sa surface de mucosités purulentes, condensées en fausses membranes dans le larynx. Aucune ulcération sur cette membrane.

Telles sont, Messieurs, les lésions les plus caractéristiques de cette maladie, tellement destructrice, qu'elle tue jusqu'à 90 animaux sur 100.

Si elle a pris, en Angleterre, des proportions si considérables, cela tient surtout à ce que, dans le principe, on ne lui a pas opposé de barrières suffisantes. Les animaux, les premiers contaminés ayant pu sortir de leurs étables et être conduits sur les marchés, alors qu'ils n'étaient encore qu'à la période d'incubation, ont transporté avec eux, dans toutes les directions, la maladie dont ils recélaient les germes. Soit qu'on ne se soit pas rendu compte tout d'abord de la gravité du mal, ou que le gouvernement ne se soit pas cru suffisamment armé par les lois, on a laissé s'écouler un temps précieux avant de prendre les mesures des mesures pour empêcher la propagation du fléau, et, lorsqu'on s'est décidé à agir, il était déjà bien tard, sans compter que l'action du gouvernement, en pareille matière, et avec les lois et l'esprit anglais, n'a pas pu avoir l'énergie qu'il aurait fallu. Maintenant que la gravité du mal est démontrée par ses effets désastreux, l'initiative individuelle, si puissante en Angleterre, tend à suppléer à l'insuffisance de l'action gouvernementale ; les propriétaires et détenteurs d'animaux se coalisent dans les districts non encore infectés ; on réunit des fonds à l'aide de souscriptions volontaires ; on s'engage à n'introduire dans ces districts, jusqu'à nouvel ordre, aucun animal de l'espèce bovine, de quelque provenance qu'il vienne. Si la maladie se déclare dans une ferme, les malades doivent être abattus immédiatement ; ceux qui ont cohabité avec lui livrés au boucher, et le propriétaire est indemnisé sur les fonds communs. Ce sont là d'excellentes mesures, et il est probable que, si elle avaient été prises plus tôt, l'Angleterre n'en serait pas où elle en est aujourd'hui.

Maintenant, il est impossible de préciser quand cette maladie cessera. En 1743, elle fut aussi introduite en Angleterre ; mais grâce à l'énergie des mesures employées pour empêcher sa propagation, trois distrcts seulement furent envahis, et, au bout de trois mois, l'épizootie était étouffé.

Elle revint en 1745 ; à cette époque soit que le pouvoir se sentit plus faible, soit qu'il ait été moins vigilant, l'épidémie se répandit partout, et elle n'a pas duré moins de treize ans. Je crains bien que celle d'aujourd'hui ait devant elle un aussi redoutable avenir.

Je me borne, Messieurs, à ces considérations pour aujourd'hui. Ma mission n'est pas encore terminée ; je reviendrai sur ce sujet, à mon retour, si j'ai des faits intéressants à soumettre à l'Académie.

Douai. — Imp. L. Crépin, rue des Procureurs, 30 et 32.

ASSOCIATION VÉTÉRINAIRE

DES DÉPARTEMENTS DU NORD ET DU PAS-DE-CALAIS.

DOCUMENTS RELATIFS A L'ÉPIZOOTIE.

III.

(Extrait du MONITEUR BELGE, du 2 septembre 1865.)

Bruxelles, 29 août 1865.

RAPPORT AU ROI.

Sire,

Une maladie contagieuse et meurtrière s'est déclarée parmi le bétail en Angleterre. Des environs de Londres, où elle s'est produite en premier lieu, elle a envahi une grande partie du Royaume-Uni; l'Ecosse a été infectée, et si l'Irlande est préservée de la contagion, ce sera par suite des mesures prises par le gouvernement de la Reine pour en défendre l'entrée au bétail anglais.

Cette maladie, qui se propage avec une grande rapidité, a déjà pénétré en Hollande, et des faits nombreux en démontrent l'existence sur divers points de ce pays; le journal officiel en a d'ailleurs constaté l'apparition dans la Néerlande, en faisant connaître les mesures prescrites par l'autorité pour en arrêter la propagation.

L'administration n'a rien négligé pour préserver notre pays de la contagion, sachant, par l'expérience acquise dans d'autres contrées, que la maladie qui règne en Angleterre, et qui n'est autre que le typhus contagieux (Rûnderpest), se répand avec la rapidité de la foudre, et tue le plus grand nombre des bestiaux qui en sont affectés, elle a fait exercer la surveillance la plus sévère sur les frontières, en prescrivant de rejeter du pays tous les animaux présentant quelque indice de maladie ou soupçonnés d'avoir été en contact avec des bêtes infectées.

Quoique ces mesures aient été appliquées, même avant qu'on sût d'une manière certaine que la contagion s'était propagée de l'Angleterre dans les Pays-Bas, elles n'ont pas pu empêcher complétement l'introduction de bétail suspect ou malade. Il a été constaté en effet, que des bêtes bovines, importées de la Néerlande et vendues sur nos marchés, ont dû être abattues, après avoir présenté des symptômes qui avaient la plus grande ressemblance avec ceux du typhus contagieux.

En présence de ces faits, et eu égard aux dangers dont cette affection meurtrière menace le pays, le gouvernement ne peut se borner aux dispositions qu'il a prescrites jusqu'ici pour l'en préserver. Il est contraint, quelque répugnance que cette mesure lui inspire, de soumettre à Votre Majesté, un arrêté qui interdit complétement l'importation et le transit du bétail.

Cette interdiction, appliquée temporairement
avec la plus grande sévérité, et secondée par des
mesures de police très-énergiques à l'intérieur
du pays, aura, je l'espère, pour effet d'écarter de
notre territoire, une contagion qui, en s'y ré-
pandant, frapperait notre industrie agricole de
pertes irréparables.

Le ministre de l'Intérieur,

ALP. VANDENPEEREBOOM.

IV.

(*Extrait du* MONITEUR BELGE du 2 septembre 1865.)

M. le Ministre de l'Intérieur a adressé la circulaire suivante à MM. les gouverneurs des provinces.

Bruxelles, 28 août 1865.

Monsieur le gouverneur,

Vous savez qu'une maladie contagieuse et
meurtrière existe parmi le bétail en Angleterre,
et qu'elle a déjà envahi les Pays-Bas. En Belgique
même il s'en est produit des cas, malgré les mesures spéciales qui ont été prises pour empêcher
l'introduction du bétail malade de provenance

anglaise ou hollandaise. En présence de ces faits, il y a lieu de prescrire à l'intérieur même du pays, des dispositions propres à arrêter la contagion. Veuillez en conséquence fixer l'attention des autorités locales, des commissions d'agriculture, des médecins-vétérinaires et de tous les agents de police compétents, sur la conduite qu'ils ont à tenir, soit pour circonscrire l'infection dans le foyer le plus restreint, soit pour l'éteindre de manière que ses ravages ne se renouvellent plus.

On sait que le typhus contagieux (peste bovine, rūnderpest), la maladie la plus meurtrière qui frappe le gros bétail, est originaire des steppes de la Russie, et qu'il ne se développe jamais spontanément chez nos bestiaux. Jusqu'ici cette affection s'est toujours transmise dans l'Europe occidentale par la voie de la contagion : mais la propagation par cette voie est si rapide, et, dans le principe surtout, le mal est si meurtrier, qu'il est à peu près inutile, sinon dangereux, de chercher à s'en préserver par les moyens lents et ordinaires de l'art. Ces tentatives ne peuvent en effet servir qu'à faciliter l'extension de la maladie Des mesures plus énergiques sont nécessaires. Dès qu'elle apparaît avec le cortège de symptômes qui permet de la reconnaître, il n'y a qu'une règle de conduite à tenir, c'est d'ordonner l'abattage immédiat de la bête atteinte, et de faire enfouir le cadavre, avec la peau tailladée, dans un lieu isolé et écarté des habitations, en prescrivant l'assainissement de l'étable et la destruction de tous les objets (fourrage, litière, etc.) qui ont servi à l'animal malade ; aucune précaution n'est superflue dans cette occurrence ; le fumier même de l'étable infectée ne doit pas être mêlé au tas commun, ni piétiné par des bestiaux sains ; il faut, ou l'arroser de chlorure de chaux ou l'enfouir. Il n'y a pas jusqu'aux personnes qui ont pris soin d'une bête malade qui ne doivent s'abstenir de s'approcher de celles qui ne le sont pas ; enfin, ce n'est qu'après un délai de plusieurs jours, qu'il faut placer des animaux bien portants dans une étable où un animal frappé de la contagion a séjourné, lors même que celle-ci a été assainie à fond et à plusieurs reprises par les moyens les plus efficaces.

Quand les cas de maladie qui se produisent ne sont pas isolés, et que le typhus envahit une étable peuplée de plusieurs animaux, les précautions à prendre diffèrent peu de celles que je viens d'indiquer. Il convient avant tout d'isoler les bestiaux infectés, ou mieux encore, de procéder à leur abattage immédiat, et de placer le reste du troupeau dans d'autres locaux, si on en a à sa disposition : il importe, en tout cas, de ne laisser celui-ci en contact avec quoi que ce soit, ayant servi aux bêtes malades, de détruire les fourrages, la litière, etc., et de procéder à l'assainissement de l'étable, avec le soin le plus minutieux.

Les animaux sains, soit qu'on les transfère dans une autre écurie, soit qu'on les laisse dans celle que le mal a envahie, doivent être étrillés, lavés, nettoyés, soumis à un régime fortifiant, et tenus à l'abri de tout excès de chaleur.

Dans aucun cas, la circulation sur la voie publique ou dans des cours, enclos, prés, etc., qui ne sont pas isolés et éloignés de plus de cent mètres des chemins ou d'autres prairies, ne doit être tolérée, qu'il s'agisse d'animaux malades ou de bestiaux sains, mais ayant été en contact avec des bêtes infectées, et devant, par suite de cette circonstance, être considérés comme suspects.

Si la contagion envahit un troupeau au pâturage, il convient d'abattre les animaux atteints sans retard et sur le pré même, lors qu'il y aurait danger à les déplacer ; le reste du troupeau doit être isolé, soit au pâturage, si celui-ci se trouve dans les conditions voulues, soit dans des étables séparées et appropriées.

Vous comprenez du reste, M. le gouverneur, qu'il m'est impossible d'indiquer en détail la règle de conduite à suivre dans chacun des cas qui peuvent se présenter : il suffit de vous dire d'une manière générale que la contagion dont il s'agit est tellement cruelle, qu'il faut recourir aux moyens les plus promps et les plus énergiques pour s'en préserver ou la détruire. Abattage immédiat de tout animal soupçonné légitimement d'être atteint du mal, isolement absolu de ceux qui, après avoir été en contact avec les bêtes infectées, sont suspects à bon droit, destruction de tous les objets (comme fourrage, litière, etc) qui ont servi aux animaux malades, assainissement des étables à fond et à plusieurs reprises, d'après les indications d'hommes de l'art, voilà en somme les mesures dont je vous recommande d'user avec promptitude et avec énergie, en vous assurant à cet effet du concours dévoué de tous les agents dont vous avez le droit de réclamer l'intervention.

Dans une calamité semblable à celle que nous infligerait l'invasion de la peste bovine, il ne faut pas seulement que chacun fasse son devoir, il faut qu'on l'accomplisse avec passion et qu'on ne laisse échapper aucune occasion de prévenir le mal ou de l'extirper. C'est surtout le zèle des autorités locales et des médecins vétérinaires qu'il importe de stimuler, en leur rappelant la grave responsabilité qui pèse sur eux. Leur vigilance et leur activité doivent être telles, qu'aucune circonstance, qui de loin ou de près se rattache à la contagion dont nous sommes menacés, ne doit leur rester inconnue, et qu'aussitôt l'information reçue, ils agissent immédiatement dans la limite de leur droit et de leur devoir.

Les établissements où un grand nombre de bestiaux se trouvent réunis, les pâturages communs, les foires et marchés doivent être néces-

sairement l'objet de leur surveillance constante.
C'est par les grands rassemblements d'animaux
que les contagions se transmettent surtout parmi
le bétail. En Angleterre et en Hollande on l'a si
bien compris, que les cultivateurs du premier de
ces deux pays ont à peu près complètement
cessé d'acheter des bestiaux aux foires, et que,
dans le second, l'autorité compétente les a in-
terdites dans beaucoup de localités.

Si la nécessité d'une semblable mesure était
démontrée en Belgique, les pouvoirs publics
n'hésiteraient pas à y recourir ; mais en attendant, il convient que ces réunions soient l'objet
de la surveillance la plus sévère, et que tout animal malade ou suspect en soit écarté. Quant aux
acheteurs qui croiront pouvoir continuer à s'y
approvisionner, il importe qu'ils s'entourent de
précautions spéciales, et qu'ils aient soin de tenir
complètement isolés, au moins pendant quinze
jours, les bestiaux dont ils y feront l'acquisition.
En transmettant ces instructions aux autorités
locales et aux médecins vétérinaires, vous les in-
formerez en même temps que provisoirement,
ils jouissent de la latitude la plus grande, les
vétérinaires, pour provoquer l'abattage des animaux atteints et la séquestration des bêtes suspectes ; les administrations communales, pour
ordonner l'abattage et toutes les mesures de police requises pour empêcher la contagion.

Je désire, M. le gouverneur, que vous me donniez les informations les plus promptes au sujet des faits relatifs à l'épizootie, qui pourraient se produire dans votre province : je m'empresserai de vous transmettre à l'occasion les instructions complémentaires dont vous pourrez avoir besoin.

Le Ministre de l'intérieur,

ALP. VANDENPEEREBOOM.

LÉOPOLD, roi des Belges,

A tous présents et à venir, salut :

Considérant qu'il résulte d'informations officielles, qu'une maladie contagieuse règne parmi le bétail en Angleterre, qu'elle s'est propagée dans les Pays-Bas, et qu'elle menace d'envahir la Belgique ;

Considérant qu'il y a lieu, en présence de cet état de choses, de prendre des mesures efficaces pour préserver le pays de cette contagion ;

Vu les art. 459, 460 et 461 du code pénal ;

Vu l'arrêté du Conseil d'Etat du 16 juillet 1784, publié par l'arrêté du 17 vendémiaire, an XI, l'arrêté du 27 messidor, an V, et la loi du 18 juillet 1831 ;

Sur la proposition de notre Ministre de l'Intérieur,

Nous avons arrêté et arrêtons :

Art. 1er. L'entrée et le transit des bêtes bovines de toute espèce, par les frontières de terre et de mer, sont interdits.

Art. 2. Notre Ministre des Finances est chargé de l'exécution du présent arrêté.

Donné à Ostende, le 31 août 1865.

LÉOPOLD.

Par le Roi :

Le Ministre de l'Intérieur,

ALP. VANDENPEEREBOOM.

Un arrêté royal du 2 septembre, rend obligatoire, à dater du même jour, l'arrêté du 30 août interdisant l'entrée et le transit du bétail.

(*Moniteur Belge* du 4 septembre.)

V.

Une circulaire, en date du 5 septembre 1865, adressée par M. le ministre de la justice de Belgique aux procureurs généraux, fait connaître que deux foyers d'infection s'étaient manifestés jusqu'alors en Belgique :

L'un à Alost, où la maladie a été introduite par des bêtes hollandaises achetées au marché de Bruxelles, et où l'on a abattu toutes les bêtes

bovines entretenues dans des pâturages conti-
gus, par les sieurs V....., V....., et C. ...

Le deuxième, à Everghem, où la contagion a
été amenée par des bêtes hollandaises provenant
du marché de Gand, et où tous les bestiaux
d'une ferme ont été sacrifiés.

VI.

RAPPORT A L'EMPEREUR.

Paris, 5 septembre 1865.

Sire,

L'Angleterre est depuis le mois de juillet dernier sous le coup d'une épizootie contagieuse,
qui, par les proportions qu'elle a prises,
revêt aujourd'hui les caractères d'un sérieux
danger.

Dès que j'ai eu connaissance de cette épizootie, j'ai invité deux professeurs de l'Ecole
impériale vétérinaire d'Alfort, MM. Bouley et
Reynal, à se rendre, le premier dans la Grande-
Bretagne, et le second en Allemagne, pour recueillir tous les renseignements qui pourraient
nous éclairer sur la nature de la maladie et sur
la manière dont elle pouvait avoir été introduite
en Angleterre.

En même temps, j'ai chargé une commission spéciale d'étudier tout ce qui se rattache à cette épizootie, et de proposer les mesures qui devraient être prises dans le cas où la maladie deviendrait menaçante pour le bétail français (1).

Je viens faire connaître aujourd'hui à Votre Majesté le résultat des travaux de la commission et soumettre à l'approbation de l'empereur les dispositions que me paraît réclamer la situation.

L'épizootie qui règne en ce moment dans la Grande-Bretagne est celle à laquelle les Anglais ont donné le nom de *cattle-plague*, que les Allemands appellent *rinder pest*, et les Français *typhus contagieux du gros bétail*.

Originaire des steppes de l'Europe orientale, le typhus contagieux des bêtes à cornes ne se développe jamais spontanément en dehors de ces régions, quelles que soient d'ailleurs les

(1) Cette commission est composée de : MM. de Monny de Mornay, directeur de l'agriculture, président; le docteur Mélier, inspecteur général du service sanitaire; le docteur Tardieu, doyen de la Faculté de médecine de Paris; Lecoq, inspecteur général des Écoles impériales vétérinaires; Magne, directeur de l'École impériale vétérinaire d'Alfort; Bouley et Raynal, professeurs à la même École; Prévost, chef du bureau de l'enseignement agricole et vétérinaire secrétaire, avec voix délibérative; Vanleuffel, rédacteur à la direction de l'agriculture, secrétaire adjoint

mauvaises conditions hygiéniques auxquelles-
les troupeaux de bêtes bovines puissent être exposés.

Cette question d'étiologie, aujourd'hui complètement éclairée grâce aux investigations des
maîtres de la médecine vétérinaire en Allemagne
et en Russie, a été, de la part du dernier inspecteur-général des écoles vétérinaires de France,
le savant et regretté M. Renault, l'objet d'un
mémoire adressé à mon administration, où toutes
les difficultés de ce problème sont traitées et
résolues avec une sûreté de vues et une abondance de preuves qui ne peuvent plus laisser
subsister aucun doute sur ce point.

Le typhus contagieux des bêtes à cornes est
donc pour l'Europe occidentale une maladie *exotique*; jamais il ne peut s'y développer sous l'influence des causes générales et communes auxquelles on l'avait à tort attribué, lorsque son
histoire était moins connue.

L'invasion actuelle de l'Angleterre se rattache
à l'importation, dans ce pays, de bestiaux de
provenance russe, embarqués au port de Revel,
dans le golfe de Finlande, et débarqués dans les
docks de la Tamise.

Si la peste bovine n'a qu'un pays d'origine, par
contre, ses propriétés éminemment contagieuses
en font une maladie essentiellement migratoire,
et son histoire témoigne, par de trop nombreux

exemples, de ses débordements répétés sur l'Allemagne, la Hollande, la Belgique, la France l'Italie, l'Espagne, l'Égypte et l'Angleterre elle-même, malgré le privilége de son isolement.

Dans tous les temps qui ont précédé celui-ci, c'est presque toujours à la suite des mouvements

Dans tous les temps qui ont précédé celui-ci, c'est presque toujours à la suite des mouvements des armées du Nord que la peste bovine s'est répandue en dehors de ce que l'on peut appeler son pays natal ; car le déplacement des grandes masses que les armées représentent implique de toute nécessité un déplacement correspondant de grandes masses de bestiaux destinés à l'alimentation des premières.

En dehors des temps de guerre, la peste des bœufs s'est quelquefois introduite dans les régions occidentales de l'Europe par les voies commerciales ; mais, dans le passé, ce mode d'invasion a toujours été exceptionnel. Et lorsque, grâce aux recherches des savants vétérinaires de l'Allemagne et de la Russie, la notion a été décidément acquise de la nature endémique de cette maladie dans les steppes des provinces russes et hongroises, les gouvernements de la Prusse et de l'Autriche ont pu, jusqu'à ces derniers temps, prendre des mesures efficaces pour en préserver celles de leurs provinces où le typhus n'est pas endémique, et, avec elles, toutes les autres régions de l'Europe.

De fait, par suite de cette protection très ac-
tive, une période de cinquante ans s'est écoulée
sans que le typhus soit venu nous visiter, tandis
que, dans le dernier siècle, cette épizootie s'est
montrée dans notre pays presque tous les vingt
ans.

Mais les mesures préservatrices employées
par l'Allemagne n'ont produit leurs effets que
parce que les migrations des troupeaux des
steppes s'opéraient par les routes de terre. Aujourd'hui que les moyens de communication entre les différents pays sont devenus si rapides
et si faciles, les chances ont beaucoup augmenté
pour que le typhus franchisse ou tourne les barrières que l'Allemagne a pu opposer jusqu'à
présent à son invasion. Ainsi, par exemple,
dans le cas actuel, son introduction en Angleterre dépend de ce que les spéculateurs sur les
bestiaux ont trouvé leurs bénéfices à aller faire
leurs approvisionnements jusque dans les provinces russes, et à les transporter par les steam-
boats jusque sur les marchés anglais, qui leur
ont offert des prix suffisamment rémunérateurs.
L'Allemagne ayant ainsi été tournée, et le voyage
du golfe de Finlande aux docks de la Tamise
ayant exigé moins de temps que ne dure la période d'incubation du typhus, c'est de cette manière que des bestiaux, portant en eux le germe
de cette ruineuse maladie, ont pu être introduits
en Angleterre, et que ce pays subit, une nouvelle

fois après cent vingt ans, les désastres que l'importation de cette peste lui a infligés en 1745.

En cet état de cause, tous les efforts doivent conspirer à empêcher son invasion par nos frontières, et, si malheureusement il parvenait à les franchir, à prévenir son expansion en le circonscrivant et en l'étouffant dans les localités les premières infestées.

Le danger est actuel, l'Angleterre et l'Écosse sont envahies, et d'après les dernières nouvelles, le fléau vient d'être importé en Hollande par un navire chargé de bestiaux à destination de la Grande-Bretagne, et revenu, avec sa cargaison, dans un port de la Hollande, faute d'avoir pu la débarquer en Angleterre, sans doute parce que les inspecteurs préposés à la surveillance des ports ont reconnu l'état maladif des animaux que le navire hollandais se proposait d'introduire. Quoi qu'il en soit des motifs qui ont empêché le débarquement de la cargaison, il parait certain que c'est par elle que le typhus vient d'être importé dans les Pays-Bas, et il aurait pu l'être tout aussi bien en France si le navire hollandais, repoussé des ports d'Angleterre, avait été attiré vers l'un de nos ports du littoral de la Manche par l'appât d'un prix suffisamment rémunérateur.

Il est donc urgent, soit d'interdire d'une manière absolue l'entrée des ports de la Manche et de la mer du Nord à tous les bâtiments chargés d'animaux de l'espèce bovine, quelle que soit leur provenance, soit de subordonner l'introduction des bestiaux, qui seront présentés dans ces ports, à telles mesures qui pourraient être nécessaires pour prévenir l'invasion de la maladie, et il importe que des dispositions semblables soient appliquées à nos frontières du nord et de l'est.

Cependant, malgré toutes ces précautions, l'épizootie peut d'un jour à l'autre être introduite dans nos départements, et le gouvernement doit aussi se tenir en garde contre cette éventualité ; mais il n'est pas nécessaire de recourir à des prescriptions nouvelles à ce sujet.

La police sanitaire, dans ses rapports avec les animaux domestiques, est, en effet, régie par une série d'arrêts du conseil du roi, d'ordonnances royales et d'articles de lois promulgués à différentes époques et inspirés par les nécessités des temps, qui constituent une législation complète sur la matière.

Parmi ces arrêts et ordonnances, il en est un certain nombre qui ont été justement édictés en vue de combattre l'épizootie dont nous sommes actuellement menacés : ce sont les arrêts du conseil du roi du 10 avril 1714, 24 mars 1745, 19 juillet 1746, 18 décembre 1774 ; l'arrêté du Directoire exécutif du 27 messidor an V, et l'ordonnance du roi du 27 janvier 1815. Ces actes spéciaux, qui sont toujours en vigueur, ont prévu, précisé et prescrit toutes les mesures nécessaires pour prévenir l'expansion du mal dans l'empire, telles par exemple que la déclaration obligatoire imposée, aux détenteurs d'animaux malades ; la visite des étables, l'occision des animaux malades et des animaux de même espèce qui ont cohabité avec eux, moyennant une indemnité accordée à leurs propriétaires ; la séquestration des bêtes malades et suspectes, la désignation par une marque spéciale de celles qui, momentanément, ne doivent pas être distraites des localités qu'elles habitent ; l'interdiction des foires et marchés ; la surveillance des pâturages et des abreuvoirs : toutes mesures qui, appliquées avec discernement, peuvent permettre de circonscrire l'épizootie dans ces localités et prévenir ainsi les pertes si considérables que sa propagation entraînerait. L'expérience des temps passés témoigne de l'efficacité de ces dispositions.

L'administration est donc suffisamment armée pour combattre le typhus à l'intérieur ; mais, dans les conditions actuelles qui régissent le commerce extérieur, elle n'a pas le pouvoir nécessaire pour prévenir son importation par nos frontières, et c'est en vue de l'investir de ce pouvoir que j'ai l'honneur de soumettre le décret ci-joint à la sanction de Votre Majesté.

Je suis, etc.

*Le ministre de l'agriculture, du commerce
et des travaux publics,*

ARMAND BÉHIC.

————

Ce rapport est suivi d'un décret ainsi conçu :

Considérant que la peste bovine, *rinder-pest*
des Allemands, *cattle-plague* des Anglais, plus
généralement connue en France sous le nom
de *typhus contagieux des bêtes à cornes*, règne
dans plusieurs États du nord et de l'est de l'Europe ;

Que cette épizootie est essentiellement contagieuse ; que la rapidité actuelle des communications peut favoriser son importation en France
par des bestiaux provenant des pays infectés ;

Vu l'article 1ᵉʳ de l'ordonnance du roi du 6
janvier 1839,

Vu la loi du 6 octobre 1791, titre 1ᵉʳ, section
4, article 20,

Avons décrété et décrétons ce qui suit :

Art. 1ᵉʳ. L'importation en France des animaux domestiques dont l'entrée présenterait des
dangers au point de vue du *typhus contagieux*,

pourra être interdite ou subordonnée à telles mesures qui pourraient être nécessaires pour prévenir l'invasion de la maladie.

Art. 2. Des arrêtés de notre ministre de l'agriculture, du commerce, et des travaux publics détermineront les frontières ou portions de frontières où l'introduction et le passage en transit des animaux domestiques pourront être interdits, et les conditions auxquelles cette introduction et ce passage pourront être autorisés.

VII.

Le ministre de l'agriculture a pris l'arrêté suivant à la suite du décret du 5 septembre mentionné ci-dessus :

Art. 1er. L'introduction en France et le transit des animaux de l'espèce bovine, ainsi que des cuirs frais et autres débris frais de ces animaux, sont absolument interdits par les ports du littoral, depuis et y compris Nantes jusqu'à Dunkerque, et par les frontières du nord et de l'est de la mer au Rhin.

Art. 2. L'introduction en France et le transit des animaux de l'espèce bovine, ainsi que des cuirs frais et autres débris frais de ces animaux, provenant d'Angleterre, de Hollande et de Belgique, sont absolument interdits par tous les ports et bureaux de douane de l'empire.

Art. 3. Dans tous les autres ports et bureaux de douane que ceux auxquels s'applique l'article 1er du présent arrêté, les animaux de l'espèce bovine importés d'autre provenance que d'Angleterre, de Hollande et de Belgique, devront être préalablement visités par des agents spéciaux. Ceux qui seront reconnus malades ne seront pas admis. Ceux qui seront seulement suspects ou qui auront cohabité avec des animaux reconnus malades, seront placés en observation pendant dix jours dans un lieu suffisamment isolé, et ne pourront être admis qu'autant qu'il sera bien constaté qu'ils ne présentaient aucun symptôme se rattachent au typhus contagieux.

Art. 4. Les préfets des départements sont chargés, chacun en ce qui le concerne, de l'exécution du présent arrêté.

VIII.

Nous, Préfet du Nord, grand-officier de l'ordre impérial de la Légion-d'Honneur, commandeur de l'ordre de Léopold de Belgique,

Vu les ordonnances des 27 novembre 1816 et 18 janvier 1817,

Arrêtons :

Le décret impérial et l'arrêté ci-dessus transcrits, portant prohibition de l'introduction en France et du transit des animaux de l'espèce bovine, ainsi que des cuirs frais et autres débris frais de ces animaux, seront immédiatement publiés et affichés, à la diligence des Maires, dans toutes les communes du département.

Lille, le 8 septembre 1865.

Pour le Préfet en congé :

Le Secrétaire-Général délégué,

Ev. BERGOGNIÉ.

IX.

A MM. les Sous-Préfets et Maires du du département du Nord.

Lille, le 9 septembre 1865.

MESSIEURS,

J'ai eu l'honneur de vous adresser par le courrier d'hier des exemplaires en placard d'un décret impérial du 5 courant et d'un arrêté de Son Excellence M. le ministre de l'Agriculture, du Commerce et des Travaux publics du 6, portant prohibition de l'introduction en France et du transit des animaux de l'espèce bovine, ainsi que des cuirs frais et autres débris frais de ces animaux.

Ces arrêtés ont dû être immédiatement affichés par vos soins et vous vous serez empressé de leur donner la plus grande publicité. Je les reproduis à la suite de la présente circulaire.

Je profite de cette circonstance pour vous rappeler, Messieurs, les obligations imposées par l'arrêté préfectoral du 28 juillet 1838, (page 178 du recueil des actes administratifs de la même année), et par d'autres instructions, lorsqu'il se manifeste dans les communes une affection contagieuse. Ainsi, les Maires doivent faire exercer par le garde-champêtre, la surveillance la plus attentive sur les exploitations rurales, et toutes les fois qu'ils sont informés de l'existence d'une épizootie ou maladie épidémique sur les bestiaux, ils doivent en donner immédiatement avis au Sous-Préfet ou à la Préfecture pour l'arrondissement de Lille.

De leur côté, Messieurs les Sous-Préfets sont tenus d'envoyer dans les communes un vétérinaire chargé de constater la gravité de l'affection et d'indiquer les mesures à prendre pour en combattre les progrès.

En attendant l'arrivée des hommes de l'art, les bestiaux malades devront être complètement séparés des animaux sains, et séquestrés avec le plus grand soin. Il faut s'abstenir surtout de les mener dans les pâturages, de les conduire au marché et dans tous les autres lieux où par le contact avec d'autres sujets de leur espèce l'affection pourrait se propager.

Les propriétaires doivent faire ou laisser procéder à l'abattage de leurs animaux dont le vétérinaire reconnaîtrait la maladie incurable.

Quant aux animaux qui se rétabliraient, les propriétaires ne pourront ni les laisser sortir, ni les conduire au marché qu'après que la guérison aura été régulièrement constatée.

Les étables dans lesquelles auront séjourné des bestiaux malades seront aérées et purifiées par les procédés en usage en pareil cas, et les propriétaires ne devront y placer d'autres animaux qu'autant qu'il aura été constaté que les causes d'infection n'existent plus.

Enfin, tout animal mort de maladie contagieuse doit être enfoui immédiatement, par les soins du propriétaire, dans une fosse de *deux mètres soixante centimètres* de profondeur et à *cent mètres* au moins de toute habitation. La peau de l'animal doit être tailladée en plusieurs parties et la fosse sera recouverte de toute la terre qui en

aura été extraite. Il faudra aussi laver avec soin
et à l'eau chaude les voitures qui auront servi au
transport de l'animal.

Telles sont, Messieurs, les dispositions à observer avec le plus grand soin, et, exactement
appliquées à d'autres époques, elles ont donné
les meilleurs résultats. Je les recommande donc
à votre attention soutenue, et je compte sur
toute votre vigilance pour en assurer, sur tous
les points, la complète exécution.

Je recevrai avec intérêt toutes les communications que vous pourrez avoir à me faire relativement à l'affection qui fait l'objet de la présente
circulaire.

Agréez, Messieurs, l'assurance de ma considération très-distinguée.

Pour le Préfet en congé :

Le Secrétaire-Général délégué,

EV. BERGOGNIÉ.

X.

*Circulaire aux vétérinaires du département
du Nord.*

Lille, le 9 septembre, 1865.

Monsieur,

J'ai l'honneur de vous remettre ci-joint, un exemplaire d'une affiche contenant le décret impérial et l'arrêté de son Excellence M. le Ministre de l'agriculture, du commerce et des travaux publics, portant prohibition de l'introduction en France, et du transit des animaux de l'espèce bovine, ainsi que des cuirs frais et autres débris de ces animaux.

Cette mesure a été nécessitée par une affection grave dite : *Typhus contagieux*, qui s'est manifestée avec une grande intensité en Angleterre et en Hollande, et qui menace de s'étendre en Belgique.

Quelques cas de cette maladie viennent même d'être constatés dans une commune à peu de distance de Roubaix, voisine de la frontière, et, sur mon invitation, l'autorité locale a prescrit les mesures sanitaires indispensables.

J'ai pensé que la communication ci-jointe vous serait utile, et si dans votre circonscription vous veniez à constater des cas de la maladie signalée, je vous serais obligé de m'en informer en m'indiquant les symptômes de l'affection, les moyens curatifs employés, et les résultats obtenus. Je recevrai avec beaucoup d'intérêt toutes les communications que vous jugerez opportun de me faire à ce sujet.

Agréez, Monsieur, l'assurance de ma considération très distinguée.

Pour le Préfet en congé

Le Secrétaire général, délégué

Ev. BERGOGNIÉ.

Douai. — Imp. L. CRÉPIN, rue des Procureurs, 30 et 32.

ASSOCIATION VÉTÉRINAIRE

DES DÉPARTEMENTS DU NORD ET DU PAS-DE-CALAIS.

DOCUMENTS RELATIFS A L'ÉPIZOOTIE.

XI.

Le ministre de l'agriculture, du commerce et des travaux publics vient d'adresser aux préfets la circulaire suivante :

Paris, le 11 septembre 1865.

Monsieur le préfet, vous n'ignorez pas qu'une épizootie qu'on appelle en France *typhus contagieux des bêtes à cornes*, *rinder-pest* en Allemagne, et *cattle-plague* en Angleterre, exerce depuis deux mois des ravages dans ce dernier pays, où elle s'est répandue de proche en proche en irradiant de la métropole, son foyer primitif, jusqu'en Ecosse, où elle a fait périr déjà beaucoup de bestiaux, notamment dans les laiteries d'Edimbourg.

De la Grande-Bretagne, où elle était restée confinée pendant les premières semaines qui ont fait suite à son invasion, l'épizootie s'est propagée en Hollande, et de la Hollande en Belgique.

La France est donc aujourd'hui menacée. Il est urgent, Monsieur le préfet, de se tenir en garde contre l'invasion possible de ce fléau, et de prendre dès maintenant toutes les mesures propres à arrêter son expansion dans notre pays s'il venait à franchir nos frontières, malgré le décret rendu par l'Empereur en date du 5 septembre et l'arrêté ministériel du 6 qui lui fait suite.

J'ai l'honneur, en conséquence, de vous adresser une instruction relative à cette épizootie, afin de porter à la connaissance des vétérinaires, des autorités locales, des agriculteurs et des propriétaires ce qu'il est indispensable de savoir de sa nature et de son mode de propagation, et de vous rappeler les mesures de police sanitaire qui doivent immédiatement être mises en pratique dans toutes les localités où son apparition serait signalée. L'histoire de cette épizootie, dont la France a déjà eu à souffrir dans le dernier siècle et dans le commencement du siècle actuel, montre qu'il est possible, sinon de s'en préserver toujours, du moins de réduire considérablement la proportion des pertes qu'elle peut causer, par l'application bien ordonnée des mesures de police sanitaire que prescrit notre législation sur la matière.

Je ne saurais donc, Monsieur le préfet, vous recommander à cet égard une trop grande vigilance.

Le typhus contagieux des bêtes à cornes est une maladie étrangère à nos climats. Jamais il ne se développe spontanément dans les différentes contrées de l'Europe occidentale, quelles que soient, du reste, les mauvaises conditions hygiéniques auxquelles les troupeaux des grands ruminants puissent être exposés. C'est dans les plaines immenses de la Hongrie et de la Russie, qui sont connues sous le nom de *steppes*, que le typhus prend naissance ; c'est là exclusivement qu'il trouve les conditions de son développement spontané ; et telle est, à l'égard de cette question d'origine, la certitude acquise, depuis les savantes investigations des maîtres de la médecine vétérinaire en Russie, en Allemagne et en France, qu'on peut toujours affirmer, sans crainte d'erreur, quand on voit apparaître le typhus des bestiaux dans une région de l'Europe occidentale, qu'il y a été importé par une voie ou par une autre.

L'invasion actuelle de l'Angleterre ne fait pas exception à cette règle, quoi que l'on ait pu dire sur ce point de l'autre côté du détroit. Il est certain que c'est le typhus des steppes qui ravage ce pays, et qu'avant son apparition à Londres où il a fait sa première explosion, un convoi composé de trois cents animaux avait été embarqué à Revel, dans le golfe de Finlande, à destination pour l'Angleterre, et y était arrivé par Lubeck et Hambourg après une traversée de six jours environ, grâce à la rapidité des moyens de communication.

Le caractère exotique du typhus ne saurait donc aujourd'hui être contesté.

Mais si le typhus est exotique et ne prend naissance que dans la région des steppes, on le voit trop souvent déborder de son pays d'origine, à raison de ses propriétés éminemment contagieuses, et s'attaquer à la population bovine des contrées dans lesquelles ne se trouvent pas les conditions de son développement spontané. Ses routes les plus ordinaires ont été, dans le passé, celles qu'ont suivies les armées de l'Autriche et de la Russie, dont les troupeaux d'approvisionnements sont formés en grande partie d'animaux originaires des steppes. Plus rarement il s'est introduit par les voies commerciales de terre et de mer; mais c'est toujours par la contagion qu'il s'y est maintenu pendant un temps plus ou moins long, aux différentes époques où il y a fait son apparition.

La propagation du typhus d'une localité infestée dans une localité voisine ou même à grande distance, comme l'exemple de l'Angleterre en témoigne aujourd'hui, peut s'opérer par différents modes.

Le plus efficace de tous est le transport des animaux malades. Il suffit d'un seul sujet attaqué du typhus pour infecter tout un pays. Il n'est pas nécessaire d'un contact immédiat pour que sa transmission s'effectue; le typhus se transmet à distance par les émanations qui se dégagent des sujets malades; ces émanations ont assez de puissance pour agir en plein air.

Les germes morbides peuvent être portés à distance par les courants de l'atmosphère et infecter des troupeaux dans les pâturages, lorsque des animaux malades passent sur les routes qui les bordent.

Les animaux sains qui ont eu des rapports avec les animaux malades, et se sont imprégnés des principes de leur maladie, conservent encore les caractères extérieurs de la santé pendant un certain temps, dont la durée varie entre six et dix jours. C'est cette particularité, commune du reste à un grand nombre de maladies contagieuses, qui est une des conditions les plus puissantes de la propagation du typhus; car trop souvent les propriétaires des sujets contaminés, ne s'inspirant que de leur intérêt personnel, s'empressent de les faire conduire sur les foires et marchés pour réaliser immédiatement leur valeur et se mettre à couvert des pertes qu'ils pourraient subir. De là la dissémination possible et trop fréquente du mal dans tous les sens par des sujets qui, sous les apparences de la santé, recèlent en eux le germe d'une maladie encore cachée, mais dont l'avénement est fatal et à bref

délai. L'histoire de l'épizootie actuelle de l'Angleterre démontre que c'est surtout par cette
voie que le typhus a rayonné de la métropole
dans un grand nombre des districts qui l'avoisi-
nent, puis, de proche en proche, dans les districts
plus éloignés, et enfin jusque dans l'Ecosse.

Ce ne sont pas seulement les animaux actuellement malades, ou qui doivent le devenir
prochainement, qui sont les agents de la propagation du typhus; ceux qui sont en convalescence de cette maladie peuvent aussi la transmettre et avec tous les caractères de sa mali-
gnité, bien que chez eux elle paraisse éteinte.
Le typhus peut être transmis par les fourrages
imprégnés du souffle et de la bave des animaux
malades, par les herbes des pâturages où ils ont
séjourné, par les liquides dont ils se sont
abreuvés.

Les vêtements des hommes, la toison des
moutons, les poils des chiens et des autres animaux peuvent se charger des principes de la maladie et la transporter à distance.

Enfin, elle peut se propager par les fumiers
qui proviennent des étables infectées et dans la
composition desquels les déjections morbides
entrent en si grande quantité, par les débris des
animaux morts, par leurs peaux fraîches et
jusque par les cordages qui ont servi à les atta-

cher et qui sont encore souillés de leur bave ou de leur sang.

Comme on le voit par cet aperçu sommaire, les voies sont nombreuses par lesquelles la contagion du typhus peut s'effectuer, et c'est leur multiplicité qui explique la facilité avec laquelle cette maladie se propage et les difficultés que l'on rencontre trop souvent à empêcher son expansion. Mais ces difficultés, si grandes qu'elles soient, ne sont pas supérieures aux efforts d'une administration vigilante et dévouée, et il est possible de les surmonter quand on s'attaque au fléau dès ses premières manifestations dans une localité.

Le typhus étant une maladie exotique que très-peu de personnes en France ont eu l'occasion d'observer, puisque sa dernière invasion remonte à 1814, il est nécessaire d'en retracer ici les caractères principaux.

CARACTÈRES DU TYPHUS CONTAGIEUX.

Dans la première période de cette maladie, celle que l'on appelle la période d'incubation, parce que le mal n'est encore qu'en germe dans le corps et y couve pour ainsi dire, les animaux présentent tous les caractères extérieurs de la santé ; ils mangent, boivent et ruminent comme d'habitude, et les femelles donnent la même quantité de lait. Impossible donc de voir en eux des malades; et, de fait, s'ils sont condamnés à le devenir fatalement, ils ne le sont pas encore.

Cette période a une durée qui varie de six à dix jours.

Lorsque la maladie apparait, elle se caractérise par l'abattement et une certaine expression du regard qui donne à l'animal un air sombre; sa tête est tendue, fixe, portée bas, avec les oreilles immobiles tombant en arrière; le dos est voussé et les membres postérieurs sont engagés sous le corps; le poil est terne, hérissé et sec au toucher; aux plis des jointures, notamment dans la région des aisselles et des aines, la peau se trouve mouillée de sueurs qui déterminent le soulévement de son épiderme et sa dénudation.

La rumination n'est pas toujours suspendue dans les premiers jours de la maladie, mais elle ne s'effectue plus avec sa régularité habituelle; l'animal grince des dents et bâille fréquemment.

Puis apparaissent des tremblements généraux manifestés surtout en arrière des épaules, aux grassets et aux fesses, avec des alternatives de chaleur et de froid, notamment vers la base des cornes, aux oreilles et aux extrémités des membres.

Les yeux sont rouges et pleurent, et les larmes qui s'en écoulent en abondance ont une telle âcreté qu'elles creusent sur le chanfrein une sorte de sillon ; l'épiderme se détache des régions de la peau où elles se sont répandues.

Un jetage a lieu par les ouvertures des narines, d'un liquide d'abord aqueux et âcre comme les larmes et produisant, comme elles, l'érosion épidermique des parties de la peau avec lesquelles il reste en contact.

Avec les progrès de la maladie, les humeurs des yeux ou du nez deviennent purulentes, et souvent alors l'air que les animaux respirent est fétide. A ce moment la respiration se précipite, elle devient difficile et s'accompagne d'un bruit de cornage que l'on entend à distance, en entrant dans les étables.

De la bouche s'échappe une salive écumeuse, qui forme des flocons blanchâtres autour des lèvres. Sur le bourrelet de la mâchoire supérieure, sur les gencives et sur les mamelons de la face interne des joues, l'épiderme soulevé par de la sérosité, n'adhère plus aux parties et, se détachant facilement sous la pression des doigts, laisse à nu des plaies vives d'un rouge foncé.

A une période plus avancée de la maladie, la tête est agitée, d'un côté à l'autre, d'une sorte de branlement qui a une certaine analogie avec celui des vieillards, et, en même temps, les mouvements rapides de la respiration lui impriment, à chaque fois que les flancs s'abaissent, une secousse de bas en haut.

La diarrhée ne tarde pas à se manifester ; ce sont d'abord des matières excrémentielles qui sont expulsées liquides, avec une grande impétuosité, et associées à des gaz qui leur donnent une fétidité caractéristique ; puis, quand le canal est vide, les produits des déjections deviennent séreux ; enfin, à la dernière période, les matières rejetées prennent une teinte brune qu'elles doivent au sang qui leur est associé, et répandent une odeur d'une extrême fétidité.

A mesure que la maladie progresse, l'affaiblissement des forces s'accuse davantage ; les malades tombent dans un état d'extrême prostration ; c'est à peine s'ils peuvent se tenir debout et s'ils ont la force de conserver l'équilibre, quand on les oblige, par l'excitation des aiguillons ou des chiens, à se mettre en mouvement. La plupart du temps, ils restent couchés, la tête tendue et appuyée sur le menton. La stupeur est extrême ; les yeux s'enfoncent profondément dans les orbites ; une humeur purulente remplit le vide qui s'est formé entre le globe et les paupières ; la matière du jetage, épaisse, mêlée de stries sanguinolentes, souvent fétide, obstrue tellement les narines que les animaux sont obligés de respirer par la bouche ; la température du corps est sensiblement abaissée, et quand on appose les mains sur la peau du dos et des lombes, on perçoit une sensation analogue à celle que donne le toucher d'un animal à sang froid. Souvent, à cette période, se manifeste un symptôme très-caractéristique, c'est un gonflement de chaque côté de l'épine du dos, déterminé par le développement spontané de gaz sous la peau. Quand on palpe cette région, on perçoit une sensation de crépitation, et si on la percute, elle rend un son analogue à celui qui se fait entendre lorsque, dans les boucheries, on frappe sur la peau d'un bœuf soufflé.

Quand ce symptôme est apparu, les animaux sont froids et insensibles; les mouches les couvrent comme si déjà ils étaient des cadavres. Elles s'accumulent autour des ouvertures naturelles et y déposent leurs œufs, qui quelquefois ont le temps d'y éclore : d'où l'apparition d'un fait qui a été considéré autrefois comme une expression spéciale de la maladie, mais qui n'est évidemment qu'un accident secondaire, résultant de l'état d'insensibilité à peu près complète dans lequel les animaux sont tombés.

La sécrétion du lait se tarit presque entièrement dès les premiers signes de la maladie; les mamelles se flétrissent et deviennent flasques et froides; quand elles donnent encore un peu de lait, ce liquide est séreux et d'une teinte jaune très-accusée.

Chez les femelles, il existe un symptôme très-propre à faciliter le diagnostic de la maladie, lorsqu'on doit passer en revue un certain nombre de bêtes et formuler un jugement rapide, c'est la coloration particulière de la membrane du vagin qui a une teinte rouge d'acajou avec des marbrures d'une nuance plus foncée.

L'amaigrissement rapide et profond des malades est un des caractères particuliers à cette affection, et qui s'accuse à un degré d'autant plus marqué que la vie se prolonge davantage ; les sujets deviennent étiques : leurs muscles, effacés et parcheminés, laissent apparaitre tous les reliefs du squelette, notamment à la région du bassin, dont les excavations se creusent profondément.

La mort survient d'ordinaire du troisième au douzième jour ; rarement la vie se prolonge au delà de cette dernière période.

En résumé, si on laisse de côté les détails accessoires, un animal frappé du typhus se reconnaît facilement à l'ensemble des symptômes suivants : attitude immobile, dos voûté, membres convergents sous le corps, tête portée en avant, fixe, oreilles tombantes en arrière, regard sombre, yeux pleureurs; jetage nasal, bouche écumeuse, tête branlante, grincement des dents, respiration précipitée, bruit de cornage, tremblements généraux, diarrhées très-abondantes et fétides, gonflement de la région dorsale par des gaz accumulés sous la peau, abaissement de la température du corps, faiblesse extrême, prostration, stupeur, coloration rouge foncé avec marbrures de la membrane du vagin, tarissement du lait.

ALTÉRATIONS PROPRES AU TYPHUS.

Dans le troisième estomac ou feuillet, injection des lames multiples de cet appareil, taches ecchymotiques diffuses sur un grand nombre, perforations ulcéreuses de quelques unes, dessiccation, sous forme de galettes, des matières alimentaires interposées entre elles.

Dans la caillette, quatrième estomac, injection très-vive de toutes ses duplicatures qui ont une couleur rouge d'acajou, et, dans quelques cas, ulcérations multiples disséminées à leur surface; ces ulcérations reflètent une teinte blanche lavée.

Dans l'intestin grêle, plaques gaufrées formées par la confluence de pustules pleines ou ulcérées sur les glandes de Peyer.

Cette lésion n'est pas constante dans l'intestin grêle ; mais ce que l'on observe toujours sur la muqueuse de cet intestin, c'est l'injection générale avec des vergetures longitudinales, coupées rrégulièrement par des vergetures transverses,

qui dessinent sur la membrane un réseau irrégulier à grandes mailles extrêmement caractérisé.

Dans le colon, petites ulcérations extrêmement nombreuses, dans la profondeur desquelles
est attaché un petit caillot de sang formant relief
dans l'intestin ; en enlevant le caillot par le grattage, on met à nu l'ulcération assez profonde
qui lui servait comme de point d'insertion. Injection générale de toute la muqueuse du colon
et de celle du rectum, vergetée et aréolée comme
la muqueuse de l'intestin grêle.

La rate est généralement saine.

Taches pétéchiales et ecchymoses profondes
dans le cœur.

Emphysème général du poumon, dont les lobules isolés entre les lames épaisses du tissu cellulaire, qui sont soufflées par les gaz exhalés dans
leurs aréoles comme dans celles du tissu cellulaire sous-cutané.

Injection de la muqueuse des bronches et du
larynx, et exsudation à sa surface de mucosités
purulentes condensées en fausses membranes
dans le larynx.

Aucune ulcération sur cette membrane.

Le typhus contagieux des bêtes à cornes est
une maladie qui demeure supérieure dans le
plus grand nombre des cas, l'expérience l'a trop

souvent démontré, à toutes les ressources de l'art. Ce n'est donc pas sur des moyens de traitement qu'il faut compter pour sauvegarder la fortune des particuliers et, avec elle, la fortune publique, lorsque cette épizootie s'attaque à la population bovine d'un pays, mais bien sur les précautions les plus minutieuses prises en vue d'empêcher sa propagation par les différentes voies de la contagion.

Les indications données dans cette instruction doivent vous inspirer à cet égard, monsieur le préfet, votre ligne de conduite.

Tous vos efforts doivent tendre, lorsque l'épizootie s'est déclarée dans une localité, à empêcher que les animaux malades puissent avoir des communications, de quelque nature qu'elles soient, avec des animaux sains. Vous ne devrez même pas reculer, au début de la maladie dans une contrée, devant l'abattage immédiat des animaux les premiers malades et des animaux qui ont cohabité avec eux, si vos informations vous renseignent très-exactement sur la manière dont la maladie s'est transmise, et si elles vous donnent la conviction qu'en l'étouffant dans son foyer primitif, vous pourrez arrêter son expansion et prévenir sa propagation.

La loi vous arme de toute l'autorité nécessaire pour appliquer cette mesure commandée par l'intérêt public, et dont l'application entraine, du reste, l'indemnisation légitime des propriétaires.

La contagion pouvant s'effectuer à distance par les émanations qui se dégagent du corps des animaux malades, il est nécessaire qu'ils soient séquestrés de la manière la plus rigoureuse dans des locaux aussi isolés que possible de ceux qu'habitent les animaux sains ; que les pâturages communs, les abreuvoirs et les routes leur soient défendus ; que les personnes préposées à leur donner des soins n'aient aucun contact avec les animaux non encore infectés ; que des relations ne puissent pas s'établir par l'intermédiaire d'animaux d'autres espèces, notamment des moutons, dont la toison touffue peut s'imprégner des principes contagieux et servir à les transporter à de très-grandes distances.

Dans des occurences comme celles qui se présentent, l'agglomération des animaux de l'espèce bovine sur les champs de foire ou sur les marchés peut entraîner les conséquences les plus fâcheuses ; car il suffit d'un seul animal infecté pour qu'un grand nombre de ceux qui auront été en rapport avec lui contractent la maladie et la disséminent dans une foule de directions. Il est possible aussi que des animaux qui ne sont encore qu'à la période d'incubation de la maladie, soient conduits sur les champs de foire par des propriétaires plus soucieux de leurs intérêts particuliers que de l'intérêt public. Vous aurez à voir si la gravité des circonstances ne vous impose pas l'obligation de suspendre les foires et marchés publics dans les localités où l'épizootie sévira ; et, dans le cas où cette mesure, toujours grave, ne vous paraîtrait pas indispensable, vous devriez prescrire les plus grandes précautions pour prévenir l'introduction sur les marchés d'animaux suspects, à quelque titre que ce soit. Ces précautions devront consister dans des certificats de santé délivrés aux conducteurs par les maires des communes d'où ils proviennent et les vétérinaires inspecteurs de ces communes.

Mais l'action de l'administration, si énergique qu'elle soit, resterait insuffisante si vos administrés ne se pénétraient pas tous de la nécessité de concourir de tous leurs efforts à l'œuvre de la préservation commune, et s'ils n'étaient pas convaincus qu'il suffit souvent d'une imprudence commise ou d'une contravention aux règlements sanitaires pour que la maladie trouve une issue qui lui permettrait d'étendre ses ravages. Vous devrez donc faire en sorte d'éclairer les populations sur tous les dangers qui les menacent, et sur l'utilité des mesures que vous serez obligé de prendre pour les en préserver.

Voici, du reste, celles de ces mesures qu'il est urgent d'appliquer immédiatement :

Tout propriétaire détenteur ou gardien de bêtes à cornes, à quelque titre que ce soit, doit être tenu de faire la déclaration immédiate au maire de la commune des bêtes malades ou suspectes qu'il peut avoir chez lui ou dans ses pâturages.

Dès que le maire sera prévenu, il fera faire la visite des animaux dont la maladie lui aura été déclarée, soit par le vétérinaire le plus prochain, soit par celui auquel cette fonction aura été assignée.

Je vous recommande, monsieur le préfet, d'insister auprès des maires des différentes communes de votre département, pour que cette prescription d'utilité absolue soit rigoureusement observée : elle est du reste imposée par les règlements sur la matière, et ceux qui y contreviendraient seraient passibles de peines sévères (1).

Lorsque, d'après le rapport du vétérinaire, il sera constaté qu'une ou plusieurs bêtes sont malades, le maire veillera scrupuleusement à ce que ces animaux soient séparés des autres et ne communiquent d'aucune manière, directement

(1). Arrêt du Parlement, 24 mars 1745. — Arrêt du Conseil, 19 juillet 1746.— Arrêt du Conseil, du 16 juillet 1784.— Décret de l'Assemblée constituante, 6 octobre 1791. — Arrêté du Directoire exécutif, 27 messidor an v. — Ordonnance du Roi du 15 janvier 1815. — Code pénal, article 459.

ou indirectement, avec aucun animal de la commune. Les propriétaires, sous quelque prétexte que ce soit, ne pourront les faire conduire dans les pâturages ni aux abreuvoirs communs, et ils seront tenus dans des lieux renfermés.

Cette séquestration des malades ne saurait être pratiquée avec trop de rigueur : c'est d'elle que dépend le salut des autres bestiaux de la localité, et les maires, en tenant la main à l'observation rigoureuse de la règle, peuvent rendre à leurs concitoyens les plus grands services. Il faut donc qu'ils soient assez convaincus de la gravité de leurs devoirs pour ne pas se contenter de demi-mesures.

Chaque jour, le maire de la commune où la maladie s'est déclarée, doit vous adresser un rapport détaillé dans lequel il vous indiquera les noms des propriétaires dont les bestiaux sont atteints et le nombre des bêtes malades (1). Aussitôt que le maire aura acquis la preuve que l'épizootie s'est déclarée dans sa commune, il devra en instruire tous les propriétaires de bestiaux de ladite commune par acte de l'autorité publique, laquelle affiche enjoindra à ces propriétaires de déclarer à l'autorité communale le

(1). Arrêt du Conseil, 1746. — Décret de l'Assemblée constituante, 1791. — Code pénal, article 460.

nombre de bêtes à cornes qu'ils possèdent, avec désignation d'âge, de taille, de poil, etc.

Une copie de ces déclarations devra vous être envoyée, et vous aurez soin de la faire parvenir à mon administration (1).

Ce dénombrement est nécessaire pour que l'autorité supérieure puisse se rendre compte des pertes et apprécier les indemnités qui pourraient être allouées à ceux qui les auraient subies.

Dès que l'épizootie s'est déclarée dans une commune, aucun des animaux, même ceux qui sont encore sains dans cette commune, ne peut en être distrait pour être conduit sur les foires et marchés et même chez des particuliers des communes voisines, car leur migration peut transporter la contagion à distance. Toute communication des bestiaux des localités infestées avec ceux des localités qui ne le sont pas doit être absolument empêchée. Il doit être fait, en conséquence, des visites de temps à autre chez les propriétaires de bestiaux dans les communes infestées, pour s'assurer qu'aucun animal n'en a été éloigné (2).

(1). Arrêt du Conseil du 19 juillet 1746. — Arrêté du Directoire exécutif du 27 messidor an v.

(2). Arrêt du Conseil du 24 mars 1745. — Arrêté du Directoire exécutif du 27 messidor an v.

Si, au mépris de ces dispositions, une bête malade ou suspecte, dans un pays infesté, était conduite sur un marché ou une foire, ou même chez un particulier d'une localité non infestée, l'auteur de cette contravention serait passible des peines portées par les articles du code pénal qui ont réglé cette matière.

Les propriétaires qui feraient conduire leurs animaux malades ou suspects par leurs domestiques ou autres personnes, dans les marchés ou les foires ou chez des particuliers de pays non infestés, seraient responsables des faits de ces conducteurs (1).

Les propriétaires de bêtes saines peuvent néanmoins, dans les pays infestés, en faire tuer chez eux ou en vendre aux bouchers de leurs communes, mais aux conditions suivantes :

1° Il faut que le vétérinaire préposé par l'autorité ait constaté que ces bêtes peuvent être livrées à la consommation ;

2° Le boucher doit tuer les bêtes dans les vingt-quatre heures.

3° Le propriétaire ne peut s'en dessaisir et le boucher les tuer, avant qu'ils n'en aient reçu, par écrit, la permission du maire, qui en fera mention sur état ;

____

(1) Arrêt du Conseil du 7 juillet 1746. — Code pénal, article 460.

4° Le boucher ne peut, sous aucun prétexte, vendre pour son compte et sur pied la bête qu'il aura achetée pour être immédiatement abattue.

Toute contravention à cet égard sera punie conformément aux lois et règlements sur la matière. Le propriétaire et le boucher sont solidaires (1).

L'expérience ayant appris que les chiens peuvent devenir des agents de la transmission de la contagion, ces animaux doivent être tenus à l'attache dans les localités infestées; et il est ordonné de tuer tous ceux qu'on trouverait divaguants. (Loi du 19 juillet 1791. — Arrêté du Directoire exécutif du 27 messidor an v.)

Si, à la première apparition de l'épizootie dans une commune, l'autorité municipale jugeait nécessaire, pour étouffer la maladie avant qu'elle ait pris de l'extension, de faire abattre immédiatement les bestiaux malades et ceux qui auraient cohabité avec eux, elle pourrait prescrire cette mesure, en ayant soin de faire constater par des procès-verbaux le nombre et la valeur des animaux qui devraient être abattus.

Il va de soi que toutes les bêtes saines, sacrifiées pour prévenir la contagion dont elles peu-

(1) Arrêt du Conseil du 19 juillet 1746. — Arrêté du Directoire exécutif du 27 messidor au v.

vent recéler les germes, pourront être livrées à
la consommation comme bêtes de boucherie.

Les extraits des procès-verbaux d'abattage de
ces animaux devront m'être adressés, pour que
mon administration puisse faire payer aux propriétaires l'indemnité à laquelle ils ont droit
d'après la loi (1).

Les bêtes mortes des suites de l'épizootie, ou
dont l'abattage aura été ordonné en raison de la
gravité de leur maladie, devront être enfouies à
une distance aussi grande que possible des habitations, dans des fosses de 2 mètres au moins
de profondeur dans les terrains peu perméables
et plus profondément encore dans les terrains
dont la perméabilité est très-grande. Cette fosse
sera recouverte de toute la terre qu'on en aura
extraite.

S'il était possible de jeter au préalable sur les
cadavres une couche de chaux vive, cette précaution serait excellente.

Les cuirs devront être tailladés avant que le
corps soit placé dans la fosse, afin d'annuler
leur valeur commerciale, pour que personne ne
soit tenté de les déterrer. Les cadavres ne seront
pas traînés vers le lieu de leur enfouissement,
afin d'éviter qu'ils ne laissent sur le sol des ma-

(1) Arrêt du Conseil du 18 octobre 1774. Arrêt du Conseil
du 30 janvier 1775 — Ordonnance du Roi du 15 janvier 1815.

tières recélant en elles le principe de la contagion. Ils devront être charriés sur des voitures traînées par des chevaux, des ânes ou des mulets, et ces voitures seront immédiatement lavées à grande eau, après avoir servi à cet usage.

Dans les localités où il existe des clos d'équarrissage ou des usines dans lesquelles les matières animales sont converties en produits industriels, les propriétaires seront libres, au lieu de faire enfouir les corps des bêtes mortes, de les faire exploiter par les établissements appropriés à cette destination, à la condition que la distance de leur propriété à ces établissements sera telle, que les corps des animaux morts ne devront pas traverser des localités non infestées.

Les fumiers provenant des étables infestées devront être enfouis.

Il ne faut pas oublier que les fourrages sur lesquels les bêtes malades ont soufflé et répandu leur bave, que les litières qu'elles ont souillées de leurs déjections, peuvent être des agents de la transmission de la contagion; les uns et les autres devront être traités comme les fumiers, après la mort de la bête à l'usage de laquelle ils ont servi; en pareil cas, une économie mal entendue peut être cause de nouvelles pertes.

Les étables qui ont été habitées par des bêtes

malades doivent être assainies avec le plus grand soin, d'après les prescriptions des hommes de l'art. Le lavage à fond avec des liquides dont les propriétés désinfectantes sont reconnues, tels que le chlorure de chaux, l'eau de chaux chlorurée, les solutions d'acide phénique, les eaux de lessive, le grattage des râteliers et des mangeoires, leur revêtement avec une couche de goudron, le repiquage du sol et l'association à la terre qui le forme, de sable, de terre ou de plâtre coaltarés, enfin les fumigations chlorurées, voilà une série de moyens dont l'expérience a consacré l'efficacité, et qui doivent être scrupuleusement recommandés aux propriétaires des étables infestées : qu'ils demeurent bien convaincus que la dépense qu'ils s'imposeront pour assainir leurs étables sera largement compensée par le bénéfice qu'ils en retireront.

Même après ces précautions prises, il sera prudent de n'introduire des bêtes saines dans les étables infestées, qu'après deux semaines au moins, pendant lesquelles on les aura laissées ouvertes à tous les vents.

Les objets qui auront servi à l'usage des bêtes malades devront être détruits par le feu, s'ils sont de minime valeur, comme les cordages d'attache, par exemple, ou purifiés par les procédés d'assainissement qui leur conviennent.

Telles sont, Monsieur le préfet, les mesures

diverses qu'il me paraît urgent de prendre pour empêcher l'extension de l'épizootie dans votre département, si elle venait à y pénétrer. Je ne saurais trop vous recommander de veiller à ce qu'elles soient partout scrupuleusement et rigoureusement appliquées. Si les efforts sont bien concertés, si chacun est à son poste et fait bien son devoir, on peut opposer à l'invasion du mal une digue qu'il ne franchira pas.

Du reste, monsieur le préfet, vous devez trouver de bons auxiliaires, pour l'application de de tous les moyens propres à combattre l'épizootie, dans les sociétés vétérinaires, les chambres consultatives d'agriculture, les associations agricoles, et les vétérinaires de votre département. Le décret du 18 octobre 1848 a institué près de vous un conseil d'hygiène publique et de salubrité, dont une des attributions est relative aux épizooties et aux maladies des bestiaux.

Mais il me paraîtrait très-utile que, pour répondre aux nécessités du moment, des commissions spéciales, composées plus particulièrement de vétérinaires et d'agriculteurs, fussent instituées partout où le besoin s'en ferait sentir et eussent pour mission d'approprier plus efficacement aux conditions locales les mesures de police sanitaire que comporte l'épizootie.

Je désire, monsieur le préfet, que vous me te-

niez au courant, par des communications très-
fréquentes, de tous les faits relatifs à l'épizootie
qui pourraient se produire dans votre département.

Si les circonstances l'exigent, je vous transmettrai des instructions complémentaires de
celles qui font l'objet de la présente circulaire.

Recevez, monsieur le préfet, les assurances
de ma considération très-distinguée.

*Le ministre de l'agriculture, du commerce
et des travaux publics,*

ARMAND BÉHIC.

Douai. — Imp. L. Crépin, rue des Procureurs, 30 et 32.

ASSOCIATION VÉTÉRINAIRE

DES DÉPARTEMENTS DU NORD ET DU PAS-DE-CALAIS.

DOCUMENTS RELATIFS A L'ÉPIZOOTIE.

XII.

Le *Moniteur Belge* du 10 septembre publie à sa partie non officielle la communication suivante faite par MM. Campens et Michels, médecins vétérinaires, envoyés en Hollande pour y étudier le typhus contagieux des bêtes à cornes.

Rotterdam, le 6 septembre 1865.

Nous avons cherché à satisfaire à la première partie de notre mission, en vous transmettant des notes succinctes prises à la hâte. Il résulte de ces indications :

1° Que, selon toutes les probabilités, le typhus des bêtes à cornes a été introduit ici par du bétail hollandais de la commune de Kethel, près de Schiedam, après un séjour d'une semaine à peu près en Angleterre.

A ce renseignement nous devons ajouter que, dans l'opinion de quelques vétérinaires néerlandais, le bétail provenant de la Podolie et de la Hongrie qui passe en transit dans les Pays-Bas en destination de l'Angleterre, pourrait bien ne pas être étranger à l'apparition du typhus dans les environs de Rotterdam.

En effet, s'il est exact, comme on l'assure, qu'il passe hebdomadairement jusqu'à 12 et 15 mille têtes de bétail hongrois et russe par Rotterdam, qu'il en reste à chaque transport quelquesunes en Hollande, il n'est pas impossible que le typhus ait été importé directement des steppes où, à l'exclusion de toute autre localité en Europe, il semble se développer spontanément.

2· Que le marché de Rotterdam du 8 août dernier paraît avoir été le point central d'où aurait rayonné l'épizootie pour se répandre dans la province de la Sud-Hollande, envahissant successivement les arrondissements de Rotterdam, de Briel, de Dordrecht, de Goude, et menaçant aujourd'hui d'envahir les deux autres arrondissements de la province, La Haye et Leyde. On assure même que des cas de typhus ont été observés dans le Brabant septentrional.

3° Que la formation des cordons sanitaires, proposée par les hommes de l'art, comme remède efficace contre l'épizootie, n'a pas jusqu'ici été sanctionnée par l'autorité supérieure.

4° Que la maladie qui règne ici, n'est autre que le vrai typhus des steppes, maladie contagieuse au suprême degré. Les investigations que nous avons faite depuis le 3 de ce mois viennent confirmer cette contagiosité; elle paraît s'exercer au contact et à distance.

Il nous reste, pour compléter notre mission, à dire ce que nous avons observé relativement aux symptômes du mal, aux altérations que présentent à l'autopsie les organes internes des bêtes qui succombent, le traitement à opposer au typhus, etc. Ces particularités sont décrites et relatées dans l'annexe ci-jointe.

L'administration a évidemment été prise au dépourvu par la contagion ; méconnue dans le principe, celle-ci s'est librement propagée en l'absence de mesures qui, prises en temps utile, auraient peut-être pu en arrêter la marche.

Lorsque les propriétaires de bétail virent leurs troupeaux succomber à un fléau inconnu qui les frappait avec la rapidité de la foudre, ils furent pris d'une terreur panique, et chacun se hâta de se défaire le plus promptement possible de la plus grande partie de ses bestiaux. Aussi ne voit-on plus ces immenses prairies de la Sud-Hollande, qui semblent n'avoir pas de limites, couvertes, comme d'ordinaire, à cette époque de l'année, d'innombrables bestiaux, émaillant les herbages comme les fleurs d'un parterre ; on ne remarque çà et là que des groupes peu nombreux, ou des individus isolés, paissant au milieu de troupeaux de moutons. On peut dire que le mouton a réellement remplacé le bœuf dans tout l'arrondissement de Rotterdam et aux environs de cette circonscription. On cite des engraisseurs et des tenanciers qui, de 300 à 400 bêtes bovines qu'ils avaient en prairie avant l'invasion de la peste, n'en ont conservé que 25, 50 ou 60, et encore ces derniers n'attendent plus qu'un acheteur pour disparaître à leur tour; mais, à cete heure, le commerce chôme; on est devenu méfiant à l'extrême.

Cependant l'épizootie frappe à coups redoublés et ne cesse de se propager. Puisse-t-elle ne pas pénétrer dans les provinces qui, comme la Hollande septentrionale, la Frise et la Groningue sont les grands centres de l'élevage du bétail dans les Pays-Bas !

Pour détourner autant que possible le fléau de ces riches contrées, le gouvernement a arrêté les mesures suivantes :

1° L'administration tient sévèrement la main à ce que les prescriptions du code pénal, relatives à la déclaration et à l'isolement des bêtes infectées et suspectes soient observées.

2° Les membres de la commission de l'épizootie, assistés de jeunes vétérinaires, commis à leur aide, demandent l'expropriation (*onteigening*) des animaux atteints; cela se fait en suivant une formule écrite et contre promesse d'une indemnité équivalente à la valeur de la bête considérée comme animal de boucherie

3° Suivant la gravité du mal et d'autres circonstances, la bête expropriée est abattue et
enfouie avec la peau tailladée, ou bien elle est
tenue en observation et isolée dans l'attente de
la guérison, ou bien encore, notamment dans le
principe de la maladie, elle est abattue en vue de
faire servir la viande à la consommation ; dans
ce dernier cas, la viande doit rester exposée à
l'air pendant 24 heures, et selon qu'elle est déclarée bonne ou impropre à la consommation par
des vérificateurs, elle est salée et entonnée, et
la peau remise au tanneur, s'il s'en trouve à
proximité, sinon, enfouie avec les débris.

Symptômes de la peste bovine des steppes.

Par l'examen que nous avons fait d'un assez
grand nombre de bêtes atteintes à tous degrés
du typhus contagieux, nous avons pu constater
que les symptômes les plus constants et le plus
facilement saisissables pour le vétérinaire non
encore exercé dans le diagnostic différentiel de
la peste bovine et même pour le public, sont les
suivants : Au début, l'animal atteint est triste et
manifeste de l'accablement ; il rumine encore,
mais l'appétit est capricieux ; — la température
extérieur du corps, de la base des cornes et des
oreilles est très-variable ; — il y a une prostration qui augmente d'heure en heure ; — la respiration est plaintive, d'un ton tout particulier,
très-distinct de celui qui caractérise la pleuro-

pneumonie exsudative avec laquelle la runderpest commençante n'est pas sans analogie symp-
tomatique ; — une toux toute particulière, quelquefois très-pénible, témoigne de la violence
plus ou moins forte avec laquelle l'appareil respiratoire est affecté ; — les urines sont rares (dy-
surie) ; si on examine les muqueuse apparentes,
à la bouche, aux narines, aux yeux et notamment à la vulve, on y constate immédiatement
un caractère tout à fait spécial et qui frappe le
vétérinaire qui l'observe pour la première fois ;
ces muqueuses reflètent un teint variant du
rouge brique au rouge violacé, teint qu'il est
impossible de confondre avec la rougeur des muqueuses chez les bêtes pneumoniques ou lors
de l'existence d'affections catarrhales auxqelles
ces membranes sont sujettes ; — elles sont couvertes d'une secrétion abondante de mucosités
d'une odeur fétide, particulière, allant en s'é-
paisissant jusqu'à la purulence au fur et mesure
que la maladie progresse ; — les yeux sont en
même temps fortement retirés dans les orbites
et dénotent que les animaux sont en proie à de
grandes souffrances ; — en même temps que ces
symptômes apparaissent, on constate le développement d'un exsudat plastique avec infiltration ; — à la face interne des lèvres et au bord
dentaire des incisives se montrent des soulève-
ments épidermiques ; — l'épithelium se décolle
et laisse voir la muqueuse à nu; la pullulation

de larves entre l'épiderme décollé et la muqueuse,
observée par l'un de nous en Belgique (Alost),
a également été constatée chez des animaux ago-
nisants, par un membre de la commission hollandaise.

Nous avons rencontré des bêtes malades qui
présentaient des érosions au pourtour de l'anus
et de la vulve, enveloppant la base de la queue
et s'étendant sur les lombes. On a même observé
un cas où il y avait emphysème le long du dos,
jusque sur la croupe; finalement il survient un
dévoiement colliquatif et jaunâtre, fréquemment
précédé, et dès le début, d'une diarrhée de matière noirâtre plus ou moins entremêlée de stries
sanguinolentes, qui termine presque toujours,
par la mort, toute cette série de symptômes.

A l'autopsie des cadavres, nous avons constaté
par nous-mêmes toutes les altérations pathologiques décrites par les auteurs qui ont traité du
typhus des steppes; ainsi nous avons trouvé que
les muqueuses sont le siége des principaux désordres. Elles sont généralement infiltrées; dans
le canal digestif, à partir du 4ᵉ estomac on observe une injection rougeâtre semblable à celle
qui se remarque sur la conjonctive; les rebords
des plis que présentent ces organes sont toutefois d'un rouge plus foncé (rouge brun); il y a
sécrétion d'un exsudat *sui generis* que l'on rencontre dans toute l'étendue du tube intestinal;
l'épithélium qui est très engorgé se détache, et

l'on voit en certaines parties des points très-in-
jectés, qui ont donné lieu à des extravasations
sanguines.

Les plaques de Peyer se présentent en relief,
sont couvertes de points blanchâtres, et plus ou
moins irritées vers leur base. Le reste de l'intestin est couvert à sa surface interne d'une mul-
titude de glandules indurées, variant de grosseur
depuis le grain de millet jusqu'à celui de chanvre ;
et pouvant être comparées à des tubercules
miliaires.

Nous avons rencontré également dans la bifur-
cation des bronches des exsudats plastiques sanguinolents, qui en obstruent la lumière au point
de mettre complètement obstacle à l'introduction de l'air dans les poumons.

La durée de la maladie nous a paru très-variable ; à cet égard, nous ne pouvons nous prononcer avec assurance. Dans quelques cas, les
malades sont enlevés en fort peu de temps (alors
par exemple que les bronches s'obstruent comme
dans le cas cité plus haut) ; d'autres fois, ils vivent jusqu'à trois semaines, mais il en est aussi
qui meurent subitement après avoir présenté
une amélioration assez sensible pour faire croire
à une guérison.

Quant au traitement, on ne s'en est presque
pas occupé jusqu'ici ; mais la commission hollandaise a conçu un projet de lazaret où elle
pourra se livrer à des expériences dans toutes
les conditions voulues.

XIII.

Le *Moniteur belge* publie dans sa partie officielle la circulaire ci-dessous, adressée par M. le ministre de l'intérieur à MM. les gouverneurs de province :

« Bruxelles, le 8 septembre 1865.

» Monsieur le gouverneur,

» J'ai l'honneur de vous transmettre des copies d'un arrêté royal et d'un arrêté ministériel du 3 de ce mois, qui modifient les dispositions de l'arrêté royal du 22 mai 1854, en ce qui concerne l'abattage des bêtes bovines atteintes et soupçonnées d'être atteintes du typhus contagieux, ainsi que l'indemnité à allouer aux propriétaires des bestiaux abattus.

» Je vous prie, M. le gouverneur, de porter ces arrêtés à la connaissance de tous les fonctionnaires qui peuvent avoir à intervenir dans l'exécution de leurs dispositions, et de les faire publier par affiches dans toutes les communes de votre province.

» Vous remarquerez, qu'en conformité des instructions de mes circulaires du 28 août et du 3 septembre, l'abattage des animaux atteints de la peste bovine, doit être prescrit *dès que les*

*symptômes observés, ne peuvent plus laisser
de doute sur la nature de la maladie,* et que
cette mesure peut être ordonnée, au même
titre, par le bourgmestre de la commune, les
membres de la commission d'agriculture, les commissaires d'arrondissement ou par vous même.
Il suffit en règle générale, qu'un rapport du médecin-vétérinaire du gouvernement constate l'existence de l'infection pour que l'abattage des bêtes
infectées doive avoir lieu immédiatement.

» En cas de dissentiment, d'ailleurs peu probable, entre le vétérinaire et le bourgmestre, ou de
tout autre motif très grave qui aurait fait suspendre
l'abattage, vous prononcerez sans retard et en
dernier ressort A vous revient aussi le droit de
décider l'occision des bestiaux suspects à cause
de leur contact ou de leur cohabitation avec des
animaux infectés Cette décision, que vous pren-
drez dans la limite des instructions de ma circulaire du 3 de ce mois, n'offre pas le même caractère d'urgence que celle qui doit avoir pour
effet de supprimer une source incessante de contagion par l'abattage des bêtes atteintes du typhus. C'est à raison de cette circonstance, et afin
d'empêcher des abus qui pourraient devenir oné-
reux au trésor, qu'elle vous a été réservée d'une
manière exclusive ; il importe toutefois que vous
n'hésitiez pas à donner l'ordre d'abattage, quand
il n'y a pas de motif sérieux de douter de l'exactitude des faits qui vous sont signalés pour le

justifier ; ce n'est que pour autant que vous auriez lieu de soupçonner quelque erreur ou quelque fraude, que vous devriez ajourner votre décision jusqu'à plus amples informations. Le médecin vétérinaire, membre de la commission d'agriculture, ou tout autre homme de l'art, digne de confiance, dont vous pourriez disposer plus immédiatement, devrait, dans ce cas, être envoyé sur les lieux pour vérifier les faits et donner en votre nom les ordres que comporterait la situation.

» Il est bon du reste qu'un contrôle de ce genre soit exercé, même lorsque rien ne vous porte à douter de l'exactitude des rapports qui vous sont adressés. Je vous engage à en user fréquemment et à vous assurer ainsi par une voie sûre que toutes les dispositions concernant la police sanitaire sont strictement observées.

» Quant à l'indemnité à allouer aux propriétaires du bétail abattu par suite du typhus, elle diffère de celle dont il s'agit dans l'arrêté royal du 22 mai 1854, par le taux auquel elle est subordonnée. En la portant aux deux tiers de la valeur des animaux, j'ai été inspiré à la fois par l'intérêt public et par l'équité. Il importe en effet que les cultivateurs soient intéressés à remplir immédiatement les obligations que la loi leur impose, quant à la déclaration et à l'isolement du bétail malade. Comme, d'autre part, l'abattage doit avoir lieu dès que la maladie a pu être reconnue, et parfois même lorsque les bestiaux paraissent encore complétement sains, il est juste que le chiffre de l'indemnité dépasse celui qui est fixé par l'arrêté de 1854. La valeur des animaux sacrifiés comme suspects sera d'ailleurs suffisamment remboursée par une indemnité équivalente aux deux tiers du taux de l'expertise, puisque le propriétaire aura de plus la faculté, conformément aux instructions de ma circulaire du 3 septembre et aux lois sur la police sanitaire, de disposer de la viande. L'art. 8 de l'arrêt du conseil du 19 juillet 1746 et l'un des paragraphes de la circulaire ministérielle du 23 messidor an V, rendue obligatoire par l'arrêté du 27 du même mois, sont formels à cet égard.

» Voici les prescriptions combinées de ces actes qui sont encore en vigueur aujourd'hui :

» Pourront néanmoins, les propriétaires des bêtes saines en pays infesté, en faire tuer chez eux ou en vendre aux bouchers, mais aux conditions suivantes :

» 1° Il faudra que l'expert (le vétérinaire) ait constaté que ces bêtes ne sont pas malades ;

» 2° Le boucher n'entrera point dans l'étable ;

» 3° Le boucher tuera ces bêtes dans les 24 heures ;

» 4° Le propriétaire ne pourra s'en dessaisir et le boucher les tuer, qu'ils n'en aient la per-

mission par écrit de l'agent (le bourgmestre) qui
en fera mention sur son état.

» Toute contravention à cet égard sera punie
de 200 francs d'amende, le propriétaire et le
boucher demeurant solidaires. »

» Il faut du reste que l'abattage et le dépèce-
ment aient lieu sur place, que la peau tailladée et
les autres débris soient enfouis avec les précautions prescrites pour les cadavres des bestiaux
infectés, et qu'enfin le transport de la viande se
fasse de manière que la salubrité publique ne
puisse pas avoir à en souffrir.

» Il y a dans la faculté d'user de ces dispositions une compensation qui équivaut, et au-delà,
au tiers de la valeur du bétail, de sorte qu'on
peut dire que les propriétaires seront complètement indemnisés d'une perte qu'ils essuieront, à
la vérité, dans l'intérêt public, mais très souvent
aussi par suite de leur propre négligence et après
avoir transgressé la loi.

» Aucune compensation ne sera d'ailleurs
accordée s'il est établi que le détenteur du bétail
abattu n'a pas observé les obligations que lui
imposent les articles 459, 460 et 461 du Code
pénal, et s'il s'est abstenu également de recourir
à l'intervention du médecin vétérinaire dès le
début de la maladie.

» Ces réserves, de même que les autres dispositions de l'arrêté ministériel du 3 septembre,

n'ont besoin d'être ni justifiées ni expliquées. Il convient toutefois, M. le gouverneur, que vous fassiez les recommandations les plus sévères au sujet des expertises, et que chaque fois que vous aurez lieu de les croire exagérées, vous usiez de la stipulation du § final de l'art. 2.

» Toutes les indemnités à allouer en vertu de l'arrêté du 3 de ce mois devront faire l'objet d'états spéciaux qui me seront transmis régulièrement, de manière que la liquidation puisse en avoir lieu sans retard. Cette recommandation est d'autant plus importante qu'il peut arriver que tout le bétail d'un cultivateur soit sacrifié à la fois, et que celui-ci se trouve dans l'impossibilité de le remplacer avant d'avoir reçu la somme qui lui est due.

» Comme il pourrait se faire que les médecins vétérinaires du gouvernement ne fussent pas toujours en mesure de suffire aux devoirs que l'invasion du typhus contagieux leur imposerait, je vous autorise, *s'il y a nécessité*, soit de charger des vétérinaires diplômés de pourvoir, de concert avec eux, aux besoins du service, soit d'étendre leur compétence au delà des ressorts qui leur sont actuellement assignés. Je désire néanmoins que vous me rendiez compte des dispositions de cette nature que vous croirez devoir prendre.

» Je n'ai pas besoin de vous dire, M. le gouverneur, que l'administration ne laissera pas sans récompense le zèle de ceux des médecins vétérinaires qui se signaleront dans cette circonstance par leur activité intelligente. Quoique cet appât ne soit pas nécessaire pour stimuler des hommes de science, dévoués à leurs devoirs, je ne crois pas m'exposer à blesser leur délicatesse en leur faisant une promesse qui n'est en quelque sorte qu'un acte anticipé de justice.

» Le ministre de l'intérieur,

» ALP. VANDENPEEREBOOM. »

État de l'épizootie dans le département du Nord.

A la date du 21 septembre 1865.

Arrondissement de Lille. — A Wattrelos, où le typhus a été signalé pour la première fois, et où il a été introduit par une vache hollandaise venue de Belgique, 12 bêtes sont mortes ou ont été sacrifiées comme atteintes de cette maladie.

A Pont-à-Marcq, une vache, morte en deux

jours, et dont l'autopsie a eu lieu le lundi 18, a présenté toutes les altérations caractéristiques de l'épizootie. — Cette bête avait été achetée trois semaines auparavant à la foire de Seclin.

Arrondissement de Douai. — Une vache a été abattue à Gœulzin le 16 septembre, — une autre à Férin le 18 ; toutes deux ont montré de la manière la plus évidente les symptômes et les altérations du typhus.

Une vache arrêtée sur le marché de Douai le 20, et abattue le même jour, a également présenté les caractères de la maladie régnante.

Les trois vaches sacrifiées dans l'arrondissement de Douai, y avaient été récemment introduites, et provenaient du marché d'Arras.

Arrondissement de Cambrai. — L'existence de cas de typhus à Cambrai, a été signalée le 20 septembre.

Douai. — Imp. L. Crépin, rue des Procureurs, 30 et 32.

DOCUMENTS RELATIFS A L'ÉPIZOOTIE.

XIV.

L'Épizootie en Angleterre.

(*Extrait du* Journal d'Agriculture Pratique).

Cette affection a débuté dans les environs de
Londres dans la première quinzaine de juillet, et
les progrès en ont été si rapides, qu'au bout d'un
mois, elle avait déjà fait perdre à l'agriculture
britannique 3,000 têtes de gros bétail. Elle sévit principalement dans les comtés de Surrey,
Kent, Essex, Norfolk et Berkshire.

De toutes parts, des commissions vétérinaires
sont organisées et des secours mutuels institués.
Mais le fléau ne semble pas avoir rétrogradé devant les efforts tentés contre lui. La société agricole de Norwich vient de tenir à ce sujet une
séance extraordinaire ; l'association agricole d'E-
vesham, sous la présidence de M. Holland, a
résolu, d'après la motion de sir J. K. Shuttle-
worth, de s'unir avec les sociétés agricoles du
Lancashire et de plusieurs autres comtés, pour

tenter de mettre un terme à l'irruption du mal. Les fermiers de la vallée d'Aylesbury sont convenus de former une association sur les mêmes bases que celle créée contre la pleuro-pneumonie, il y a quelques années.

(*Numéro du 20 août 1865*).

L'épidémie typhique ne semble pas diminuer en Angleterre : les dernières nouvelles sont assez alarmantes ; les comtés de Dorset, de Shropshire, de Sussex, d'Aylesbury, d'Exeter et d'Aberdeen sont envahis par le fléau, qui s'est étendu rapidement sur la surface des comtés que nous signalions il y a quinze jours.

Le professeur Gamgee, directeur du Collége vétérinaire du prince Albert, ainsi que la commission des professeurs de cette institution, ont publié une notice anatomique et pathologique très-remarquable sur cette affection. Nous avons fait connaître la nature des symptômes et le caractère des lésions qui donnent à cette maladie une physionomie spéciale. La présence de nombreux foyers purulents dans le parenchyme du foie et des exsudations plastiques des méninges sont les seules lésions nouvelles sur lesquelles la notice de ces savants professeurs vient d'appeler l'attention.

Jusqu'ici les bestiaux atteints du fléau ont été sacrifiés sans retard ; mais nous ne voyons pas qu'un traitement moins radical que la mise à mort ait été proposé ou appliqué: « Les cultivateurs, dit le *Mark Lane Express*, préfèrent avoir un bœuf tué qu'un bœuf malade et soigné. C'est une véritable panique. »

La plus grave nouvelle qui nous arrive, c'est que la maladie a été contractée par contagion par un grand nombre d'enfants. Le comté de Kent en présente plusieurs exemples désastreux. Dans un petit village du comté d'Essex neuf enfants ont, en un jour, succombé au typhus. Il semble vraiment que les animaux aient à traverser de temps en temps des espèces de crises subordonnées au climat, aux conditions de l'hygiène et à la constitution médicale. Le midi de la France, l'Espagne, la Hongrie et la Hollande sont sous le coup de grosses épidémies ; la nature du mal varie avec chaque pays, mais quelle que soit l'affection, le caractère épidémique domine. Une grande question médicale surgit en présence de ces faits. Ces époques critiques sont accompagnées de maladies qui sévissent également sur l'homme. Est-ce une simple coïncidence ? Toujours est-il que les enfants sont en Angleterre sous le coup du typhus qni frappera sans doute aussi les adultes, pendant que la France, justement alarmée, voit le choléra asiatique exercer ses ravages à Marseille, et peut-être prendre lentement la direction des départements du centre : *Let us look out* !

Une autre remarque doit être faite, c'est que les épidémies principales qui exercent en ce moment leurs ravages, nous viennent originairement des régions les plus malsaines du globe. Il n'y a aucun doute que le typhus qui sévit en ce moment en Angleterre, principalement sur l'espèce bovine, n'ait été importé de Hongrie. A cause du bas prix des animaux dans ce pays, il s'est établi une industrie qui consiste à acheter le bétail hongrois et à l'engraisser dans des étables allemandes, pour l'envoyer ensuite sur les grands marchés de consommation. C'est surtout vers Londres, par Hambourg, que se fait ce commerce ; mais en outre, et c'est là ce qu'il y a de plus dangereux, des importations directes ont lieu de Hongrie en Angleterre. On conçoit que des bestiaux fatigués par une aussi longue route et couvant peut-être en eux le germe de la maladie, pris dans leur pays natal, aient infesté facilement la contrée où ils arrivaient tout à coup. La principale mesure à prendre est par conséquent, selon nous, une surveillance sévère faite par des vétérinaires habiles, dans les bureaux de douanes par lesquels a lieu l'importation des bestiaux étrangers.

(Numéro du 5 septembre 1865).

Le fléau continue en Angleterre avec une persistance désespérante. Sa marche n'est pas arrêtée, il s'étend toujours. On en signale l'appa-

rition dans les comtés de Stirling, de Bedford-
shire, de Denbigshire, de Ayrshire, d'Aberdeens-
hire, de Perthshire, de Berwirk dans l'Ile d'Ely.
L'Irlande seule semble avoir été épargnée jusqu'ici. Cependant, d'après les dernières nouvelles, plusieurs bestiaux avaient succombé à
Newton Les journaux politiques eux-mêmes,
le *Times*, l'*Evening Star*, le *Morning Post*, etc.,
contiennent des lettres de toute sorte sur l'extension du fléau, sur sa symptomatologie, sur son
traitement. En 1747, le typhus avait régné treize
ans en Angleterre; on craint vivement une pareille perspective. Tous les gouvernements se sont
alarmés, et la presse n'a pas manqué de sympathie
pour l'Angleterre dans cette occasion. Nous voyons
avec regret quelques feuilles allemandes s'occuper
uniquement de savoir si le typhus a été importé
par la Russie et l'Allemagne, sans songer à aider
de leurs conseils les agriculteurs de l'Angleterre.
Là n'est pas la question ! Quel que soit le point
de départ du fléau, c'est perdre un temps utile
que de se défendre d'une accusation que personne
ne porte contre l'Allemagne Pensons aujourd'hui
à ce qu'il y a de plus pressé, c'est à dire à éteindre le fléau, à guérir les animaux malades. Plus
tard, on devra s'occuper de la question d'empêcher un tel mal de reparaître. Le danger sera
toujours imminent par la rapidité actuelle des
communications, et il faudra rechercher s'il ne
serait pas possible de détruire le mal dans sa

source même.

En attendant, il faut se défendre avec soin. Les anglais s'en occupent avec ardeur. Ainsi l'administration du chemin de fer Grand-Occidental (*Great Western Railway*) a pris les dispositions suivantes :

1° Tout animal suspect sera refusé par les agents; il ne pourra demeurer dans les écuries en fourrière.

2° Si un animal malade ou suspect a été placé dans un wagon, le wagon mis à l'écart sera lavé avec le plus grand soin et ne servira plus au transport.

3° Les employés préposés au nettoyage des wagons, ne devront sous aucun prétexte pénétrer dans les écuries de fourrière.

Ce règlement, mis en vigueur depuis le 24 juillet, n'a été officiellement publié dans les journaux que beaucoup plus tard.

(*Numéro du 20 septembre 1865*).

XV.

Nous lisons dans le *Moniteur belge* du 20 septembre :

On nous communique la lettre suivante, écrite de Palin (Hongrie), le 8 de ce mois, par l'un de nos compatriotes, M. Clément, agronome et médecin vétérinaire qui habite ce pays depuis plusieurs années :

« Je viens d'apprendre par la voie des journaux que le typhus contagieux (runderpest) vient malheureusement d'éclater en Belgique.

« En ma qualité de Belge et d'ami dévoué de l'agriculture de mon cher pays, je crois devoir vous communiquer quelques observations pratiques que j'ai eu occasion de faire en 1864, sur une très vaste échelle, dans la contrée que j'habite.

« L'année passée, à cette époque, la peste bovine a régné dans plusieurs communes voisines du domaine de Palin, notamment à Alsornik, Felsornik, Petröse, Kilimany, Gelse, Gesle-Sziget, Huroston, Keriese, Korpovar, etc., etc., comprenant ensemble un territoire de plusieurs lieues carrées.

» Le domaine de Palin est situé au centre de ces diverses communes et dans quelques-unes d'elles, il possède plusieurs fermes avec plus de 800 bêtes à cornes ; la ferme de Palin seule en ayant plus de 300 et se trouvant en quelque sorte au beau milieu de ce vaste foyer d'infection.

» Malgré l'imminence du danger, le domaine de Palin, comme ceux de plusieurs autres grands propriétaires voisins, n'a pas eu une seule bête atteinte, tandis que le bétail des paysans a été décimé par le fléau.

» La cause de ce phénomène a été facilement trouvée et expliquée ; en effet, le bétail des paysans et des petits propriétaires paît ensemble sur des pâturages communaux où il a suffi d'une seule bête atteinte de la maladie pour infecter tout le troupeau. Le bétail des grands propriétaires pâture au contraire séparément et reste isolé dans des prairies privées. Or, il a été constaté à l'évidence que, dans toutes les communes où le fléau a régné, ce sont des animaux achetés aux foires par les paysans et placés ensuite au pâturage ou à l'étable, qui ont importé la maladie soit directement soit indirectement par l'intermédiaire de personnes qui avaient fréquenté ou visité des écuries infectées. C'est ainsi même que des membres des autorités communales, qui avaient été chargés de visiter officiellement le bétail, ont été la cause involontaire et indirecte du transport du

virus d'une étable malade à des étables encore
parfaitement saines.

» Il est donc bien établi par ces faits, que de
nombreuses observations ont confirmés, que l'i-
solement le plus absolu du bétail infecté ou soupçonné, est le premier remède efficace à employer
contre la propagation du mal. C'est celui que
nous avons employé ici et qui nous a complètement préservés.

» Depuis le mois de juillet 1864, époque où
la maladie a été observée pour la première fois,
jusqu'à la fin du mois de mars 1865 où elle a
cessé d'exister, les communes infectées ou soupçonnées ont été entourées d'un cordon sanitaire.
Des gardiens sûrs, payés par les communes,
veillaient jour et nuit à ce que ni entrée ni sortie
de bétail ne pût avoir lieu, et de plus les propriétaires faisaient en sorte eux-mêmes que leur
personnel n'eût aucune communication avec celui
des lieux infectés ; les animaux morts ou abattus
étaient enfouis à cinq pieds de profondeur, afin
d'empêcher les chiens et les renards de transporter au loin des parties des cadavres ; dans
quelques endroits, tous les chiens ont été impi-
toyablement sacrifiés pour éviter qu'ils ne de-
vinssent les intermédiaires de la contagion ; enfin, dans tous les pays, les foires et marchés de
bétail ont été suspendus jusqu'au mois de mai
1865.

» C'est grâce à ces mesures que le mal a pu être circonscrit et les pertes, quoique déjà considérables, pour les pauvres paysans surtout, n'ont pas été plus grandes encore. La contrée de Palin seule a perdu l'année dernière environ 500 têtes de bétail dans les communes précitées, et dans la Hongrie entière, la peste bovine n'a pas enlevé, dans ces trois dernières années, moins de 180,000 bêtes à cornes.

» Jusqu'ici tout espèce de moyen curatif ou prophylactique est restée sans résultat appréciable; seulement, je dois ajouter que vers les mois d'octobre et surtout de novembre, de décembre et de janvier, quelques bêtes malades ont guéri spontanément. Du reste, il a été observé, en général, qu'en automne et surtout en hiver la maladie est moins meurtrière et que les guérisons sont plus fréquentes. »

XVI.

Arrêté de police concernant les Animaux de l'espèce Bovine attaqués de maladies contagieuses. (1).

Nous, Maire de la commune de Wattrelos,

(1). « Tout détenteur ou gardien d'animaux soupçonnés d'être infectés de maladies contagieuses, qui n'aura pas sur-le-champ averti le Maire de la Commune où il se trouve, et qui

Vu : 1° L'arrêté du Conseil d'Etat du 16 juillet 1784, dont les dispositions sont maintenues par l'article 484 du Code pénal ;

2° La loi des 16 et 24 août 1790 ;

3° La loi du 6 octobre 1791 et du 18 juillet 1837 ;

4° L'arrêté du Gouvernement du 27 messidor an 3 ;

5° Les articles 423, 459, 460 et 461 du Code pénal ;

6° Le décret du 15 janvier 1813 et l'arrêté du Ministre de l'Intérieur en date du 11 septembre suivant ;

7° Le décret et arrêté du Ministre en date du 5 septembre 1865.

Avons arrêté et arrêtons ce qui suit :

Art. 1er. Il est défendu de laisser sortir des étables les animaux de l'espèce bovine atteints ou non de maladies contagieuses. Il est égale-

---

même avant que le Maire ait répondu à l'avertissement ne les aura pas tenus renfermés, sera puni d'un emprisonnement de six jours à 2 mois, et d'une amende de 16 à 200 francs. (Art. 457 du Code Pénal.) »

« Seront également punis d'un emprisonnement de deux mois à six mois et d'une amende de 100 à 500 francs, ceux qui, au mépris des défenses de l'administration auraient laissé leurs animaux infectés communiquer avec d'autres. » (Art. 460 du Code Pénal.)

ment défendu de les conduire dans les pâtures ou prairies.

Art. 2. Toute personne qui aurait en sa possession des animaux atteints ou présentant des symptômes de maladies contagieuses, est tenu d'en faire sur le champ sa déclaration à la Mairie.

Art 3. Les contraventions aux dispositions du présent arrêté seront constatées par des procès-verbaux qui nous seront adressés pour être transmis au Tribunal compétent.

Fait à Wattrelos, le 16 septembre 1865.

Le Maire, D. POLLET.

XVII.

INSTRUCTIONS

A MM. les sous-préfets, maires, officiers de gendarmerie et commissaires de police.

Lille, le 20 septembre 1865.

MESSIEURS, par une circulaire du 9 septembre dernier, en vous annonçant l'envoi d'exemplaires de l'arrêté ministériel du 6, portant prohibition de l'introduction en France et du transit des animaux de l'espèce bovine, je vous ai rappelé les obligations imposées lorsqu'il se manifeste dans les communes une affection contagieuse.

Ces obligations, j'ai le regret de le dire, n'ont pas été exactement observées. — Plusieurs faits d'introduction clandestine par la frontière de Belgique sont parvenus à ma connaissance, et des cultivateurs, par une condescendance inexplicable, ont favorisé, à l'aide de certificats mensongers, le transit de bêtes étrangères.

Ces infractions coupables ont eu pour conséquences de propager sur divers points du département le fléau que les mesures les plus énergiques tendaient à concentrer dans la commune de Watrelos où la première invasion avait été signalée.

Aujourd'hui, il ne s'agit donc plus seulement de prévenir le mal, mais de le combattre, et, à cet effet, je fais de nouveau appel à la vigilance et au dévouement de chacun, maires, officiers de gendarmerie, commissaires de police, préposés des douanes, gardes champêtres, agents de la force publique, fonctionnaires de tous ordres.

J'invite de la manière la plus formelle MM. les Maires à veiller attentivement à l'exécution des mesures prescrites, rappelées dans ma circulaire du 9, ainsi que dans celle de M. le Ministre de l'Agriculture, du Commerce et des Travaux publics, du 11, que je crois utile de reproduire *in extenso* à la suite de cette instruction.

Ils rappelleront par voie d'affiche et de publication verbale, qu'aux termes des articles 459, 460 et 461 du code pénal, toutes personnes qui auront des bestiaux infectés doivent en faire sur le champ la déclaration au risque d'encourir l'application des peines y portées et qui peuvent s'élever à cinq années d'emprisonnement avec amende de 100 à 1,000 francs.

Il est de leur devoir de porter immédiatement à ma connaissance les infractions qu'ils seraient appelés à constater et dont je suis décidé à poursuivre énergiquement la répression.

Je leur recommande enfin d'informer exactement et immédiatement MM. les Sous-Préfets et moi-même pour l'arrondissement de Lille, de tous les faits se rattachant à l'épizootie qui pourraient se produire dans leurs communes respectives. La loi leur en impose l'obligation et ils comprendront, du reste, qu'en pareille circonstance, il vaut mieux agir énergiquement au début du mal pour éviter les désastres que sa propagation amènerait infailliblement.

Les propriétaires qui sont d'ailleurs les premiers intéressés s'associeront avec empressement, je n'en doute pas, à toutes les mesures que l'Administration devra prendre dans l'intérêt de tous.

Ils entendront l'appel pressant que je fais à leur sentiment du bien public et à leur dévouement aux intérêts généraux de la grande famille agricole malheureusement trop menacés.

Agréez, Messieurs, l'assurance de ma considération très-distinguée.

Pour le Préfet en congé :

Le Secrétaire général délégué,

FV. BERGOGNIÉ.

XVIII.

A MM. les maires des communes du département comprises dans les lignes de douanes. — Rétablissement du passavant pour la circulation des bestiaux sur pied et de la viande fraîche.

Lille, le 20 septembre 1865.

Monsieur le maire, j'ai l'honneur de vous faire connaître qu'en exécution des mesures prohibitives édictées par arrêté ministériel du 6 septembre courant, en vue de prévenir l'invasion du typhus contagieux des bestiaux, il a été décidé, de concert avec M. le directeur des douanes et des contributions indirectes de Lille, et sous l'approbation de son Excellence, M. le ministre de l'agriculture, du commerce et des travaux publics, que la formalité du passavant redeviendra obligatoire :

1° Dans tout le rayon, pour le transport de la viande fraîche et autres débris frais d'animaux de l'espèce bovine ;

2° Dans la zône déterminée par l'ordonnance royale du 28 juillet 1822, pour la circulation des bestiaux sur pied de ladite espèce.

Il s'en suit que pour obtenir lesdits passavants, l'origine des bestiaux, viandes et débris frais devra toujours être attestée par un certificat qu'il vous appartient de délivrer sous votre responsabilité.

Je vous invite à vous concerter à ce sujet avec les receveurs des douanes de votre circonscription, qui vous communiqueront les instructions qu'ils ont reçues. Je vous recommande la plus grande vigilance, et au besoin la plus grande sévérité

Agréez, Monsieur le maire, l'assurance de ma considération très-distinguée.

Pour le Préfet en congé :

Le Secrétaire général délégué,

EV. BERGOGNIÉ.

XIX.

Instructions adressées à MM. les vétérinaires.

Lille, le 25 septembre 1865.

Monsieur,

J'ai l'honneur de vous adresser, comme suite à ma circulaire du 9 courant, un exemplaire du Recueil des actes administratifs de la Préfecture qui contient une circulaire aux Maires et aux diverses autorités du département, au sujet de la peste bovine, l'instruction détaillée de M. le Ministre de l'Agriculture, du Commerce et des Travaux publics en date du 12, et une seconde circulaire relative à des mesures de douane.

L'administration qui connait le savoir, le zèle et le dévouement du corps vétérinaire du département, et qui apprécie particulièrement le concours éclairé que vous êtes à même de lui prêter, compte beaucoup sur votre aide dans les circonstances présentes

Aussi, c'est avec la confiance que mon appel sera entendu que je viens vous prier, Monsieur, d'assister très-exactement aux réunions de l'association vétérinaire de votre arrondissement qui, d'après mes recommandations, a dû être invitée à se réunir d'urgence, et à se constituer en comité permanent.

De fréquentes visites dans les communes de la circonscription (qui pourra être assignée à chacun des membres par un arrangement concerté entre MM. les vétérinaires) auront pour effet de vous permettre d'exercer une surveillance attentive sur les étables. D'un autre côté, votre présence sur les lieux vous mettra à même d'adresser aux cultivateurs et propriétaires, avec l'autorité qui s'attache à votre spécialité, les conseils et les avis nécessaires pour prévenir la propagation du mal. Vous devrez surtout les engager à ne pas perdre de vue que la peste bovine ne se déclare pas spontanément, mais qu'elle se communique surtout par le contact, et qu'il est dès lors de leur intérêt de ne pas laisser circuler leurs bestiaux, de les tenir au contraire le plus possible à l'étable, ou tout au moins de les isoler rigoureusement au pâturage, de faire en sorte de n'introduire aucun animal nouveau dans leur troupeau, et d'attendre, pour les achats nécessités pour les renouvellements, que le danger ne soit éloigné de nous.

Dans le cas où la maladie se sera déclarée, il vous restera, conformément aux prescriptions formelles de Son Excellence, à vous concerter avec MM. les Maires pour faire abattre immédiadement les animaux premiers malades, ainsi que ceux qui auraient cohabité avec eux.

Il vous appartiendra encore, à titre d'expert, de procéder à l'estimation du bétail abattu, et de signer avec le maire le procès-verbal qui constatera l'opération et devra être produit pour le paiement de l'indemnité à laquelle les propriétaires ont droit d'après la loi.

En ce qui concerne l'abattage des bêtes saines dans les communes infectées, votre intervention est tracée par l'instruction ministérielle, et à cet égard, je compte encore sur votre utile concours.

MM. les Maires ont reçu l'invitation expresse de vous prévenir sur le champ des symptômes qui se déclareraient en dehors de vos visites locales.

D'un autre côté, j'ai recommandé aux commissaires de police cantonaux de se mettre en rapport avec vous, et le cas échéant, de vous accompagner dans les communes où l'abattage d'un certain nombre de bêtes serait jugé nécessaire comme mesure de préservation.

Ces dispositions auxquelles viennent s'ajouter les mesures de douane ci-dessus rappelées semblent devoir atteindre le but que nous nous proposons, c'est-à-dire prévenir l'expansion et la propagation du fléau.

Si d'autres moyens vous paraissent plus efficaces, je vous serais reconnaissant, Monsieur,

de vouloir bien me les indiquer, soit en les con-
signant aux procès-verbaux des séances de l'association vétérinaire, qui me parviendront par
l'intermédiaire de MM. les Sous-Préfets pour les
arrondissements autres que celui chef-lieu ; soit
en me les adressant directement, si vous en re-
connaissez l'urgence.

Ainsi que je vous l'ai dit dans ma circulaire du
9 courant, je recevrai d'ailleurs avec beaucoup
d'intérêt tous les rapports ou communications
que vous jugerez opportun de me faire au sujet
de l'affection, de ses moyens curatifs si toutefois
il en existe, et des résultats obtenus. S'il y a
lieu, je transmettrai ces rapports à M. le Ministre
de l'Agriculture.

Agréez, Monsieur, l'assurance de ma considération très-distinguée.

Pour le Préfet en congé,
Le Secrétaire-général délégué,
E. BERGOGNIÉ.

(*Extrait du journal* LE NORD, *du*
17 *septembre* 1865).

L'épizootie vient de faire son apparition dans
les environs de Bruxelles ; avant-hier, plusieurs
vaches infectées ont été abattues dans un établissement voisin du canal et du nouveau bassin

La même chose a eu lieu à Uccle dans les étables de M. le comte Coghen.

(Extrait du journal d'agriculture pratique du 20 septembre 1865).

Parmi les procédés chimiques indiqués pour empêcher les débris provenant des animaux malades de répandre au loin le germe du fléau, la circulaire de M. le ministre de l'agriculture a eu raison de placer l'emploi des dissolutions d'acide phénique ; nous croyons devoir insister sur ce point, parce que l'acide phénique est une des conquêtes les plus précieuses de la chimie moderne contre les miasmes délétères et pour la conservation des matières organiques. Ajoutons seulement que ces dissolutions ont une efficacité suffisante à la dose de 2 à 4 millièmes.

L'*Economie* annonce qu'un cas d'épizootie a été constaté au village d'Ere, près de Tournai. — L'*Echo de la Frontière* nous apprend que deux autres cas ont été constatés dans une étable du village de Wiers : 2 bêtes ont succombé et on a demandé l'autorisation d'abattre le restant du troupeau, composé de 7 bêtes.

(Indépendance Belge du 23 septembre 1865).

PAS-DE-CALAIS.

Nous extrayons ce qui suit d'une lettre qui nous est adressée d'Aire :

« M. C. .., cultivateur à Eperlecques, a introduit chez lui, il y a trois semaines, deux veaux provenant d'Angleterre. L'un de ces veaux est mort deux jours après sans qu'on se soit douté qu'il avait le typhus. Ce n'est que lorsque d'autres bêtes devinrent malades, qu'on fit appeler M. Leroy, vétérinaire à Saint-Omer, qui reconnût la maladie, et qui fit prendre de suite les mesures indiquées. Depuis lors, M. C.... a perdu trois animaux, et sept autres ont été abattus chez trois cultivateurs ses voisins. — Total, dix victimes jusqu'à présent.

» Le second veau anglais, arrivé avec le premier mort du typhus, est toujours en très bonne santé. La dernière bête abattue l'a été hier 30 septembre,

» On a établi un cordon sanitaire autour d'Eperlecques ; rien de ce qui appartient à l'espèce bovine ne peut sortir de ce village. »

M. le Président de la Société d'agriculture de Saint-Omer adresse aux agriculteurs la circulaire suivante :

Messieurs,

A la nouvelle de l'apparition du *Typhus contagieux des bêtes bovines*, dans la commune d'Eperlecques, M. le sous-préfet de l'arrondissement de Saint-Omer, s'est empressé de prendre les mesures de sage prévoyance que réclamait l'intérêt public en pareille circonstance.

Sa sollicitude administrative ne devait pas se borner là. — En effet, par arrêté de M. le Préfet du Pas-de-Calais, en date du 26 septembre 1865,

« Aucun animal de l'espèce bovine ne pourra être amené à la foire de Saint-Omer (*dite de Saint-Michel*).

» Les concours agricoles qui devaient avoir
» lieu à Audruick, le 4 octobre prochain et à
» Saint-Omer, le 8 du même mois, sont ajour-
» nés à une autre époque qui sera ultérieure-
» ment fixée. »

La Société d'agriculture de Saint-Omer, qui n'a jamais cessé de témoigner aux habitants le plus sincère dévouement, pressentait aussi la nécessité d'un ajournement de ses concours de bestiaux, exprimant, par la voie de la presse, dans une note communiquée le 23 courant, le vœu que toute réunion d'animaux d'espèce bovine fût soigneusement évitée, par prudence.

L'ajournement prononcé réduisant le programme général des concours de la Société pour 1865 à de trop faibles proportions, on a pensé qu'il serait préférable de remettre tous ces concours à une autre année. En attendant, la Société saisira avec empressement toute occasion où il lui serait permis de venir utilement en aide à l'agriculture, dont les souffrances actuelles sont réellement dignes du plus haut intérêt.

Saint-Omer, le 27 septembre 1865.

Au nom de la Société.

Le Président : QUENSON.

Douai. — Imp. L. CRÉPIN, rue des Procureurs, 30 et 32.

ASSOCIATION VÉTÉRINAIRE

DES DÉPARTEMENTS DU NORD ET DU PAS-DE-CALAIS.

DOCUMENTS RELATIFS A L'ÉPIZOOTIE.

XX.

Belgique.

Interdiction des marchés.

(Extrait du MONITEUR BELGE du 24 septembre).

« Bruxelles, le 21 septembre 1865.

» Sire,

» La peste bovine ne cesse de faire des progrès dans les pays voisins où elle s'est produite en premier lieu : quoiqu'en Belgique, il ait été possible jusqu'ici de la circonscrire et de l'éteindre dans les divers foyers où elle s'est manifestée, on remarque qu'il en naît sans cesse de nouveaux et qu'ils éclatent dans des communes qui, à coup sûr, en auraient été exemptes si des bêtes suspectes, transportées au loin, n'y avaient pas propagé la contagion. Il a été constaté que tous ces animaux proviennent des foires et marchés, de sorte qu'on peut considérer comme un fait démontré que c'est par l'intermédiaire de ces réunions où des bêtes de toute provenance sont mises en contact, que la peste bovine se répand et se maintient dans le pays. Tous les efforts que l'on fera pour la détruire seront inutiles tant que les foyers d'infection pourront renaître par l'intermédiaire de ces rassemblements et qu'une mesure radicale n'aura pas empêché ce mode de contagion.

» Le gouvernement a le droit de prendre cette mesure ; il le puise non-seulement dans les lois sur la police sanitaire, et notamment dans l'arrêt du conseil du 19 juillet 1746 et le décret du 27 messidor an V, rendant obligatoire la circulaire du 23 du même mois, mais encore dans les dispositions de la loi du 30 mars 1836, relatives à l'établissement, la suppression et les changements des foires et marchés. On ne saurait contester en effet que, ceux-ci n'existant qu'en vertu d'une autorisation du gouvernement, il suffit que cette autorisation soit retirée pour qu'ils cessent d'avoir une existence légale.

» Il y a toutefois lieu de faire une exception à la mesure que j'ai l'honneur de soumettre à Votre Majesté. Le commerce du bétail, destiné à la boucherie, est organisé de manière que l'approvisionnement des grands centres de population surtout deviendrait très-difficile, si les marchés où les producteurs, les marchands et les bouchers font leurs transactions, étaient interdits. Ces marchés ne présentent d'ailleurs pas les inconvénients qui sont attachés à ceux où se vendent et s'achètent les bestiaux destinés aux besoins agricoles. La plupart des animaux qui y sont conduits ne tardent pas à être sacrifiés pour la consommation, et le petit nombre de ceux qui ne reçoivent pas immédiatement cette destination, isolés dans des parcs ou des étables jusqu'au marché suivant, disparaissent bientôt à leur tour. Des certificats de provenance et de santé, délivrés par les autorités locales, donneront au surplus, pour cette catégorie de bestiaux, une garantie que la loi indique et qui sera d'autant plus sérieuse qu'elle s'appliquera sur une échelle plus restreinte.

» Le ministre de l'intérieur,

» ALP. VANDENPEEREBOOM. »

Ce rapport était suivi d'un arrêté disposant comme suit :

« Art. 1er. Sont interdits, jusqu'à disposition ultérieure et sauf l'exception établie ci après, les foires et marchés, en tant qu'ils ont pour objet l'exposition en vente et la vente des bêtes bovines de toute espèce.

» Art. 2. Sont exceptés de la disposition précédente, les marchés servant à l'exposition en vente et à la vente des bêtes à cornes destinées à la boucherie.

» Toutefois ne seront admis aux marchés de cette espèce que les animaux dont les conducteurs seront munis d'un certificat délivré par l'administration de la commune de provenance et constatant que le typhus contagieux n'y existe pas ou qu'il a cessé d'y exister depuis vingt jours au moins. »

Enfin le *Moniteur* contient, en tête de sa partie non officielle, la circulaire suivante adressée par le ministre de l'intérieur aux gouverneurs des provinces :

« Monsieur le gouverneur,

» J'ai l'honneur de vous transmettre l'expédition d'un arrêté royal du 22 septembre qui, jusqu'à disposition ultérieure et sauf une exception, interdit les foires et marchés, en tant qu'ils ont pour objet l'exposition en vente et la vente des bêtes bovines de toute espèce. Le rapport au Roi, qui accompagne cet arrêté, en explique et en justifie les dispositions. L'interprétation de celles-ci ne peut, d'ailleurs, donner lieu à aucune difficulté. Les foires et marchés qui sont exclusivement destinés à la vente des bêtes à cornes sont prohibés d'une manière absolue, sauf l'exception prévue à l'art. 2. Ceux, au contraire, qui ont un caractère mixte, et qui servent à la fois à la ventedes bêtes bovines et d'autres animaux domestiques ou de denrées agricoles, ne sont interdits qu'en ce qui concerne les bêtes à cornes.

» En maintenant les marchés qui servent au débit des bestiaux destinés à la boucherie, j'ai obéi à une impérieuse nécessité, résultant de la manière dont le commerce du bétail gras est organisé, et des besoins de la consommation, surtout dans les grands centres de population. Cette exception n'est pas, à la vérité, sans de graves inconvéniens; mais j'espère que la manière dont la disposition qui l'autorise sera exécutée, contribuera à les atténuer. Aucune bête bovine ne sera admise à ces marchés restreints, à moins qu'il ne soit établi par un certificat délivré par le bourgmestre du lieu de provenance, qu'elle est destinée à la boucherie, qu'elle se rend à un marché déterminé dont l'indication sera donnée sur le certificat même, et que le typhus contagieux n'existe pas dans la commune où n'y a pas existé depuis vingt jours au moins. Vous trouverez ci-joints des modèles de ce certificat que je vous prie de transmettre aux administrations locales de votre province.

» Il n'est pas inutile de rappeler que les personnes qui, des communes où le typhus contagieux s'est manifesté, conduisent du bétail, même sain, aux foires ou marchés, sont passibles de 500 fr. d'amende pour chaque contravention, en conformité de l'art. 6 de l'arrêt du conseil du 19 juillet 1746 et que les bourgmestres ou autres officiers qui, dans les cas prévus par l'arrêté du 22 septembre, donneraient des certificats contraires à la vérité, encourraient une amende de 1,000 fr., conformément à l'art. 14 du même arrêt du conseil. Un contrôle sévère devra, du reste, être exercé à chaque marché par le vétérinaire compétent que vous déléguerez à cet effet. Si du bétail, qui ne saurait être considéré comme bétail de boucherie, y était présenté dans le but d'éluder la disposition de l'article 1ᵉʳ de l'arrêté du 22 septembre, l'homme de l'art devrait le signaler immédiatement et le faire écarter du marché par l'agent chargé d'en faire la police.

» J'espère, du reste, que les autorités locales et les intéressés prêteront un concours empressé à l'exécution d'une mesure dont la durée sera d'autant moins longue qu'en la rendant efficace, on détruira plus tôt les causes qui l'ont fait prescrire. Veuillez leur faire comprendre qu'elle est, avant tout, prise dans leur intérêt et que, sans les entraves qu'elle doit mettre à la circulation du bétail malade ou suspect, on ne saurait préserver le pays des ravages de la peste bovine.

» Le ministre de l'intérieur,

» ALP. VANDENPEEREBOOM. »

XXI.

Sous le titre de *Notice sur la peste bovine*, le ministère de l'intérieur vient de faire publier les renseignements suivants :

La peste bovine, ou typhus contagieux, est la maladie la plus meurtrière qui atteigne les bêtes à cornes. L'expérience a prouvé que de cent animaux chez lesquels elle se développe, il n'y en a pas dix qui échappent à la mort. Etrangère à nos climats, elle ne naît jamais spontanément chez nos bestiaux. Ceux-ci la reçoivent toujours par contagion des bêtes bovines qui vivent en grands troupeaux dans les steppes de la Russie et de la Hongrie, où elle est enzootique.

Il suffit d'un seul animal attaqué par le typhus pour infecter tout un pays. La maladie se transmet non-seulement par contact immédiat, mais encore par contact indirect ; les émanations qui se dégagent des bestiaux atteints la communiquent à d'assez grandes distances, même en plein air ; elle se propage aussi par l'intermédiaire d'animaux qui, ne l'ayant encore eux-mêmes qu'en germe, peuvent conserver toutes les apparences de la santé pendant cinq à dix jours et même davantage. Les bêtes en convalescence la communiquent, de même que les fourrages imprégnés du souffle et de la bave des animaux malades, les herbes des pâturages où ils ont séjourné et les liquides dont ils se sont abreuvés.

Les vêtements des hommes, la toison des moutons (1), les poils des chiens et des autres animaux peuvent se charger des principes de la maladie et la transporter à distance.

Enfin, elle peut se propager par les fumiers qui proviennent des étables infectées et dans la composition desquels les déjections morbides entrent en si grande quantité, par les débris des animaux morts, par leurs peaux fraiches, et jusque par les cordages qui ont servi à les attacher et qui sont encore souillés de leur bave ou de leur sang.

SYMPTOMES.

Lorsque le typhus a frappé une bête bovine, on le reconnaît assez facilement à l'ensemble des symptômes suivants : attitude immobile, dos voûté, membres convergents sous le corps, tête portée en avant, fixe, oreilles tombantes en arrière, regard sombre, yeux pleureurs, jetage

(1) Des vétérinaires instruits prétendent même que le typhus peut se transmettre des bêtes bovines aux moutons et aux chèvres. Quoi qu'il en soit de cette opinion, il faut éviter la cohabitation de ces derniers animaux avec des bêtes à cornes infectées.

nasal, bouche écumeuse, tête branlante, grincement des dents, respiration précipitée, bruit de
cornage, tremblements généraux, diarrhées très-
abondantes et fétides, gonflement de la légion
dorsale par des gaz accumulés sous la peau,
abaissement de la température du corps, faiblesse
extrême, prostration, stupeur, coloration rouge
foncé (couleur acajou) avec marbrures de la
membrane du vagin, tarissement du lait.

Il y a d'ailleurs un moyen sûr de confirmer
un diagnostic douteux, c'est de remonter à la
source de la maladie. Comme celle-ci ne naît jamais spontanément chez nos bestiaux et qu'elle
se transmet toujours par contagion, il suffit de
constater si du bétail, récemment importé de la
Hollande, source exclusive du typhus en Belgique, a été en contact direct ou indirect avec
des animaux infectés. Dans l'affirmative, il y a
à peu près certitude que c'est à la peste bovine
qu'on a affaire; dans le cas contraire, on peut
croire qu'on s'est trompé sur la nature des symptômes observés. Du reste, lorsqu'il y a doute,
l'autopsie fournira des indices certains pour le
lever. C'est pourquoi on énumère ci-après en détail les altérations constatées chez les animaux
morts par suite de la peste bovine.

ALTÉRATIONS PROPRES AU TYPHUS.

Dans le troisième estomac ou feuillet, injection des lames multiples de cet appareil, taches

ecchymotiques diffuses sur un grand nombre, perforations ulcéreuses de quelques-unes, dessication, sous forme de galettes, des matières alimentaires interposées entre-elles.

Dans la caillette, quatrième estomac, injection très-vive de toutes ses duplicatures, qui ont une couleur rouge d'accajou, et, dans quelques cas, ulcérations multiples disséminées à leur surface; ces ulcérations reflètent une teinte blanche lavée.

Dans l'intestin grêle, plaques gaufrées formées par la confluence de pustules pleines ou ulcérées sur les glandes de Peyer.

Cette lésion n'est pas constante dans l'intestin grêle; mais ce que l'on observe toujours sur la muqueuse de cet intestin, c'est l'injection générale avec des vergetures longitudinales, coupées irrégulièrement par des vergetures transverses, qui dessinent sur la membrane un réseau irrégulier à grandes mailles extrêmement caractérisé.

Dans le colon, petites ulcérations extrêmement nombreuses et assez profondes. Injection générale de toute la muqueuse du colon et de celle du rectum, vergetée et aérolée comme la muqueuse de l'intestin grêle.

La rate est généralement saine.

Taches pétéchiales et ecchymoses profondes dans le cœur.

Emphysème général du poumon, dont les lobules sont isolées entre les lames épaisses du
tissu cellulaire, qui sont soufflées par les gaz
exhalés dans leurs aéroles comme dans celles du
tissu cellulaire sous-cutané.

Injection de la muqueuse des bronches et du
larynx, et exsudation à sa surface de mucosités
purulentes condensées en fausses membranes
dans le larynx.

TRAITEMENT.

Le typhus n'est pas accessible aux ressources
de l'art. Si quelques guérisons se produisent de
loin en loin, elles sont si rares que, sans une
grande imprudence, on ne saurait chercher de
ce côté les moyens de conserver le bétail d'un
pays infesté. Les mesures où il faut avant tout
chercher le salut, ce sont celles qui peuvent avoir
pour effet, d'empêcher la maladie par les différentes voies de la contagion.

Voici ces mesures, indiquées par paragraphes
numérotés pour qu'on puisse plus facilement s'y
retrouver.

MESURES DE POLICE SANITAIRE (2).

§ 1. Tout propriétaire, détenteur ou gardien

---

(2) Toutes ces mesures sont prescrites par les lois et les
règlements sur la police sanitaire des animaux domestiques.
Celles de ces dispositions légales qui sont obligatoires en Bel-

de bêtes à cornes, à quelque titre que soit, est tenu de faire la déclaration immédiate, au bourgmestre de la commune, des bêtes malades ou suspectes qu'il peut avoir chez lui ou dans ses pâturages.

§ 2. En attendant la décision du bourgmestre, il doit les tenir renfermées et isolées de manière qu'elles ne puissent avoir aucune communication ni avec ses bestiaux encore sains ni avec ceux d'autrui.

§ 3. Il est tenu aussi d'appeler immédiatement le médecin vétérinaire pour faire constater l'état de son bétail.

§ 4. Doivent être considérés comme suspects, aux termes de la loi, les bestiaux qui ont été en contact direct ou indirect avec des animaux malades.

§ 5. Les propriétaires de bétail qui ne remplissent pas les prescriptions mentionnées aux §§ 1, 2 et 3, encourent, selon les cas, des amendes de 16 à 1,000 fr. et un emprisonnement de six jours à cinq ans ; ils perdent de plus

gique sont : 1° les arrêts du Conseil d'État du 19 juillet 1746 et du 16 juillet 1784 ; 2° le décret du 28 septembre, 6 octobre 1791 ; 3° l'arrêté du 27 messidor an V, rendant obligatoire l'arrêté ministériel du 23 du même mois ; 4° les art. 459, 460, 461 et 462 du Code pénal ; 5° l'arrêté royal du 22 mai 1855, modifié, en ce qui concerne le typhus contagieux, par l'arrêté royal du 3 septembre 1865 et par l'arrêté ministériel du même jour.

tout droit à l'indemnité qui est accordée en cas d'abattage des bestiaux malades ou suspects.

§ 6. Dès que le bourgmestre est prévenu de l'existence d'une maladie contagieuse ou suspecte dans une ferme ou dans un pâturage de sa commune, il doit immédiatement faire visiter le bétail qui lui est signalé, par le médecin vétérinaire du gouvernement, si déjà cette visite n'a pas eu lieu à la demande du propriétaire.

§ 7. En attendant le résultat de cette visite, le bourgmestre doit faire isoler, si cela n'a pas déjà eu lieu, les bestiaux malades, en prescrivant que les animaux suspects, à raison de leur contact avec ces derniers, soient tenus enfermés dans l'étable où ils se trouvent, et mieux encore dans un local autre que celui où la maladie s'est développée. Cet isolement et cette séquestration seront, en tout cas, complets, et il ne pourra y être rien modifié sans des ordres formels soit du bourgmestre, soit de l'autorité supérieure.

§ 8. Lorsque le bétail est au pâturage, l'isolement est également obligatoire, et, s'il est impossible sur le pré même, les bestiaux suspects devront être enfermés dans des étables appropriées.

§ 9. Quand il résultera du rapport du vétérinaire qu'une ou plusieurs bêtes sont atteintes du typhus contagieux, le bourgmestre donnera l'ordre immédiat de les faire abattre en présence d'un officier de police, après avoir fait constater leur valeur par deux experts nommés et assermentés par lui.

§ 10. Le bourgmestre ou le médecin vétérinaire doivent, en tous cas, signaler *de suite et par voie directe* au gouverneur de la province, les faits qu'ils ont observés, en indiquant :

1° Le nombre des bestiaux abattus ;

2° Le nombre de ceux qui, à l'étable, au pâturage ou ailleurs, ont été en communication médiate ou immédiate avec les malades ;

3° Les dispositions prises à l'égard de ces derniers.

§ 11. Le bourgmestre agira ensuite à l'égard des animaux suspects, à raison de leur contact direct ou indirect avec des bêtes infectées, selon les instructions qui seront transmises par le gouverneur. En attendant, ces bestiaux devront rester séquestrés, comme il est dit aux §§ 7 et 8, et visités tous les jours par un officier de police, chargé de faire rapport au bourgmestre.

§ 12. En tous cas, les cadavres des bestiaux malades, qu'ils soient morts naturellement ou qu'ils aient été abattus, doivent être enfouis à une distance aussi grande que possible des habitations, dans des fosses de deux mètres au moins de profondeur dans les terrains peu perméables, et plus profondément encore dans les terrains dont la perméabilité est très-grande. Cette fosse sera recouverte de toute la terre qu'on en aura extraite.

§ 13. S'il était possible de jeter au préalable sur les cadavres une couche de chaux vive, il faudrait user de cette précaution.

§ 14. Les peaux devront être tailladées avant que le corps soit placé dans la fosse, afin d'annuler leur valeur commerciale, pour que personne ne soit tenté de les déterrer. Les cadavres ne seront pas traînés vers le lieu de leur enfouissement, afin d'éviter qu'ils ne laissent sur le sol des matières recélant en elles le principe de la contagion. Ils devront être charriés sur des voitures traînées par des chevaux, et ces voitures seront immédiatement lavées à grande eau, après avoir servi à cet usage

§ 15. Il est utile que le médecin vétérinaire du gouvernement dirige ces diverses opérations, de même que celles qui sont nécessaires pour purifier et assainir les étables.

Dès que le bourgmestre aura acquis la preuve que l'épizootie s'est déclarée dans sa commune, il devra en instruire tous ceux de ces administrés qui ont du bétail, par affiche ou autrement, en leur enjoignant de déclarer immédiatement à l'autorité locale le nombre de bêtes à cornes qu'ils possèdent, avec désignation d'âge, de taille, de poil, etc.

§ 16. Les habitants des communes infectées doivent être informés en même temps que, en vertu de la loi et sous peine de 100 à 500 francs d'amende, ils ne peuvent conduire aucun de leurs animaux, même sains, aux foires et marchés, ni aux pâturages communs ou même chez des particuliers, dans les localités voisines. Toute communication des bestiaux des communes infectées avec ceux des localités qui ne le sont pas doit être absolument empêchée. Il doit être fait, en conséquence, des visites de temps à autre chez les propriétaires de bestiaux dans les communes infectées, pour s'assurer qu'aucun animal n'a été distrait de leur troupeau.

§ 17. Si, au mépris de ces dispositions, une bête malade ou suspecte, dans un pays infecté, était conduite sur un marché ou une foire, ou même chez un particulier d'une localité non infectée, l'auteur de cette contravention serait passible des peines portées par les articles du Code pénal qui ont réglé cette matière, et le bétail devrait être abattu.

§ 18. Les propriétaires qui feraient conduire leurs animaux malades ou suspects par leurs domestiques ou d'autres personnes, dans les marchés ou les foires, ou dans des localités non infectées, seraient responsables des faits de ces conducteurs.

§ 19. Les propriétaires de bêtes saines peu-

vent néanmoins, dans les pays infectés, en faire
tuer chez eux ou en vendre aux bouchers, mais
aux conditions suivantes :

1° Il faut que le vétérinaire du gouvernement
ait constaté que ces bêtes peuvent être livrées
sans danger à la consommation ;

2° Le boucher doit tuer et dépecer les bêtes
sur place et dans les vingt-quatre heures ;

3° Le propriétaire ne peut s'en dessaisir ni le
boucher les tuer, avant qu'ils en aient reçu, par
écrit, la permission du bourgmestre, qui en fera
mention sur son état ;

4° Le boucher ne peut, sous aucun prétexte,
vendre pour son compte la bête qu'il aura achetée
pour être immédiatement abattue.

Toute contravention à cet égard sera punie
conformément aux lois et règlements sur la matière. Le propriétaire et le boucher sont solidaires.

§ 20. Les propriétaires jouissent de la même
faculté de disposer des bêtes qui sont devenues
suspectes par suite de leur contact avec des animaux malades, lors même que l'abattage a été
ordonné par l'autorité.

Seulement, dans ce cas, outre les précautions
indiquées au § 19, il faut que la peau tailladée
et les autres débris soient enfouis conformément
aux prescriptions des §§ 12, 13 et 14, et que le
transport de la viande se fasse de manière que
la salubrité publique ne puisse pas avoir à en
souffrir.

§ 21. L'expérience ayant appris que les chiens peuvent devenir des agents de transmission de la contagion, ces animaux doivent être tenus à l'attache dans les localités infectées ; et il est ordonné de tuer tous ceux que l'on trouverait divagants.

§ 22. Les bourgmestres des communes qui, sans être infectées, peuvent avoir à craindre l'invasion de la maladie, à raison de leur voisinage avec des localités où règne le typhus, doivent prescrire le recensement du bétail, comme il est dit au § 15, et ne laisser introduire sur leur territoire aucune bête, avant que celle-ci ait été visitée par un médecin vétérinaire. En cas de maladie, l'abattage doit être ordonné par l'autorité compétente, et lors même que le bétail est sain, le séjour dans la commune ne doit être permis que sous réserve qu'il sera isolé pendant dix jours au moins.

§ 23. Comme il importe que les propriétaires soient indemnisés pour le bétail sacrifié dans l'intérêt public, il leur sera alloué : 1° une indemnité des deux tiers de la valeur de chaque bête malade et abattue ; 2° une indemnité équivalente, outre la faculté de disposer de la viande, conformément aux §§ 19 et 20, pour chaque bête suspecte par suite de son contact avec les animaux infectés.

Cette indemnité ne sera toutefois allouée que

pour autant que les propriétaires aient rempli les obligations rappelées aux §§ 1, 2 et 3

§ 24. Le bourgmestre devra transmettre immédiatement au gouverneur de la province sa proposition d'indemnité, en y joignant : 1° l'ordre d'abattage donné par lui ou par toute autre autorité compétente, avec le rapport du vétérinaire qui l'a provoqué ; 2° le procès-verbal d'expertise ; 3° le certificat d'abattage, — le tout conformément aux dispositions qui existent en cette matière.

§ 25. Les fumiers provenant des étables infectées devront être enfouis.

§ 26. Comme les fourrages sur lesquels les bêtes ont soufflé et répandu leur bave, et les litières qu'elles ont souillées de leurs déjections, peuvent être des agents de transmission de la contagion, les uns et les autres devront être détruits ou enterrés. Le lavage à fond des étables avec des liquides dont les propriétés désinfectantes sont reconnues, tels que le chlorure de chaux, l'eau de chaux chlorurée, les solutions d'acide phénique, les eaux de lessive, le grattage des râteliers et des mangeoires, leur revêtement d'une couche de goudron, le repiquage du sol et l'association à la terre qui le forme, de sable, de terre ou de plâtre coaltarés, enfin les fumigations chlorurées, voilà une série de moyens dont l'expérience a consacré l'efficacité.

§ 27. Même après ces précautions prises, il

sera prudent de n'introduire des bêtes saines
dans les étables infectées, qu'après deux semaines
au moins, pendant lesquelles on les aura laissées
ouvertes à tous les vents.

§ 28. Les objets qui auront servi à l'usage
des bêtes malades devront être détruits par le
feu, s'ils sont de minime valeur, comme les cordages d'attache, par exemple, ou purifiés par les
procédés d'assainissement qui leur conviennent.

Sans l'exécution sévère des dispositions mentionnées ci-dessus, la propagation du typhus dans
le pays ne saurait être empêchée. Cette exécution dépend avant tout des propriétaires de bestiaux et des administrations locales. Si les premiers ne signalent pas immédiatement au bourgmestre de leur commune les maladies suspectes
qui se développent chez leur bétail, en le tenant
enfermé, et si les seconds n'agissent pas de suite,
conformément aux prescriptions qu'on vient de
rappeler, la contagion ne saurait être évitée, et,
dans ce cas, Dieu sait quelles pertes l'agriculture
aurait à essuyer.

XXII.

Belgique.

Quelques nouveaux cas d'épizootie se sont déclarés parmi les bêtes à cornes, à Gand et dans les environs.

À Oostacker-Saint-Amand, les vétérinaires ont fait abattre un bœuf atteint du typhus contagieux, ainsi que deux autres qui avaient été en contact avec la bête infectée.

Cinq vaches conduites à l'abattoir ont, après inspection des vétérinaires, été tuées et enfouies.

Vendredi dernier, six bœufs amenés au même établissement et également frappés du fléau, ont été abattus et enfouis dans le jardin.

Six bêtes à cornes achetées au marché de Gand ont été reconnues par les vétérinaires atteintes du typhus et abattues.

À Alost, trente-sept bêtes à cornes se trouvaient dans un pâturage de M. Van Assche, distillateur; seize ont été abattues et enfouies; l'autorité a fait abattre également les vingt et une autres, de peur qu'elles ne fussent infectées; la chair de ces dernières a été livrée à la consommation.

Un fait remarquable à constater, c'est que dans toutes les communes de l'arrondissement d'Ecloo, qui sont les plus rapprochées de la Hollande, aucun cas d'épizootie ne s'est manifesté jusqu'à présent.

Il a été décidé, sur la proposition des hommes compétents de la science médicale, qu'une infirmerie de bêtes à cornes affectées du typhus contagieux serait établie à Gand, et que toutes seraient isolées. On ferait l'essai des divers procédés curatifs indiqués comme efficaces pour combattre l'épizootie afin de pouvoir connaître quel est le meilleur.

(Indépendance Belge du 30 septembre 1865)

XXIII.

M. le préfet de police a fait afficher sur les murs de Paris l'ordonnance suivante qui prescrit les mesures à prendre au cas où le typhus contagieux des bêtes à cornes se déclarerait à Paris et dans les communes du ressort de la préfecture de police :

« Nous, préfet de police,

» Considérant qu'une épizootie exerce actuellement ses ravages en Angleterre, sur les animaux de l'espèce bovine, et que, de ce pays où elle était restée confinée d'abord, elle s'est propagée en Hollande et en Belgique;

» Considérant qu'il est urgent de se tenir en garde contre l'invasion possible de ce fléau en prescrivant dès maintenant les mesures propres à arrêter son expansion, s'il venait à rentrer en France;

» Ordonnons ce qui suit :

» Article 1er. Tout propriétaire, détenteur ou gardien de bêtes à cornes atteintes ou présentant des symptômes du *typhus contagieux*, est tenu d'en faire la déclaration, savoir : dans les communes rurales de la préfecture de police, devant le maire, et à Paris devant le commissaire de police. (Art. 459 du Code pénal.)

» Art. 2. Immédiatement après ladite déclaration, le maire ou le commissaire de police fera visiter par un vétérinaire les animaux suspects ou atteints de la maladie.

» Art. 3. Lorsque, d'après le rapport du vétérinaire désigné par l'autorité, il sera constaté qu'une ou plusieurs bêtes sont malades, ces animaux seront séquestrés. (Arrêts du conseil du 19 juillet 1746, art. 2, et du 17 juillet 1784, art. 4.)

» Défense est faite aux propriétaires desdits animaux de les faire conduire, sous quelque prétexte que ce soit, dans les pâturages et abreuvoirs communs. (Arrêts ci-dessus rappelés.)

» Art. 4. Dans les localités où il sera constaté que la maladie a fait invasion, les maires ou les commissaires de police mettront en demeure les propriétaires de bestiaux de déclarer à l'autorité le nombre des bêtes à cornes qu'ils possèdent, avec désignation d'âge, de taille, de poil, etc. (Arrêt du conseil du 19 juillet 1746.)

«Une copie de ces déclarations sera transmise à l'administration, ce dénombrement étant nécessaire pour que l'autorité supérieure puisse se rendre compte des pertes et apprécier les indemnités qui pourraient être allouées à ceux qui auraient subi ces pertes.

» Art. 5. Chaque jour, le maire, dans les communes rurales où la maladie se sera déclarée, et, à Paris, le commissaire de police du quartier, adresseront à la préfecture de police un rapport détaillé dans lequel seront indiqués les noms des propriétaires dont les bestiaux auront été atteints et le nombre des bêtes malades. (Arrêt du conseil du 19 juillet 1746.)

» Art. 6. Toute communication des bestiaux des localités non atteintes est absolument interdite. Par conséquent, aucun des animaux, même de ceux qui sont encore sains, ne peut être con duit sur les foires et marchés et même chez des particuliers. (Arrêtés du conseil des 19 juillet 1746 et 18 juillet 1784.)

» Art. 7. Il sera fait, par les soins de l'autorité locale, de fréquentes visites chez les propriétaires de bestiaux des localités infectées, pour s'assurer qu'aucun animal n'en a été éloigné.

» Il est fait défense à toutes personnes de refuser l'entrée de leurs étables et écuries, et d'apporter aucun obstacle à ce qu'il soit procédé auxdites visites, dont il sera dressé procès-verbal. En cas de difficultés, les parties intéressées pourront faire tels dires et réquisitions qu'elles aviseront, et il y sera statué provisoirement et sans délai par l'officier municipal qui aura prescrit la visite. (Arrêt du Parlement du 24 mars 1745 etc.)

» Art. 8. Les propriétaires qui feraient conduire par leurs domestiques ou autres personnes sur les marchés, sur les foires ou chez des particuliers de localités non infectées, des animaux malades ou suspects, seront responsables des faits de ces conducteurs. (Arrêt du conseil des 7 juillet 1745, et art. 460 du Code pénal.)

» Art. 9. Les propriétaires de bêtes saines pourront, dans les localités atteintes par la maladie, les vendre pour être abattues dans les établissements autorisés *ad hoc*, mais aux conditions suivantes :

» 1° Un vétérinaire, désigné par l'autorité, dressera un procès-verbal constatant que ces bêtes peuvent être livrées sans danger à la consommation.

» 2° A Paris, ce procès-verbal sera visé par le commissaire de police, qui le transmettra à l'inspecteur de l'abattoir où la bête sera conduite.

» 3° Dans les communes, le procès-verbal sera adressé au maire qui permettra l'abattage des animaux dans une tuerie autorisée.

» 4° L'abattage aura lieu dans les vingt-quatre heures

» 5° Le boucher ne pourra sous aucun prétexte revendre sur pied la bête achetée pour être immédiatement abattue. (Arrêt du conseil du 19 juillet 1746).

» Art. 10. A la première apparition de l'épizootie dans une localité, mais après examen et procès-verbal dressé par les hommes de l'art, l'autorité pourra, si elle le juge nécessaire, afin d'étouffer la maladie avant qu'elle ait pris de l'extension, faire abattre immédiatement les bestiaux malades et ceux qui auraient cohabité avec eux, en ayant soin de constater par des procès-verbaux le nombre et la valeur des animaux qui devraient être abattus.

» Les bêtes reconnues saines, qui auraient été abattues, pourront être livrées à la consommation.

» Les extraits des procès-verbaux d'abattage de ces animaux seront adressés à la préfecture de police pour être transmis à S. Exc. le ministre de l'agriculture, du commerce et des travaux publics.

» Art. 11. Dans les communes rurales du ressort de la préfecture de police, les bêtes mortes des suites de l'épizootie ou dont l'abattage aura été ordonné en raison de la gravité de leur maladie devront être enfouies, loin des habitations dans des fosses de 2 mètres au moins de profondeur et recouvertes de toute la terre extraite de ces fosses, à moins que les cadavres de ces animaux ne soient transportés dans des usines où les matières animales sont converties en produits industriels.

» Les cuirs devront être tailladés avant que le corps soit placé dans la fosse, pour que personne ne soit tenté de les déterrer.

» Il devra en être de même si les cadavres sont conduits dans une usine.

» Art. 12. A Paris, les bêtes mortes de l'épizootie, ou dont l'abattage aura été ordonné, comme atteintes de la maladie, seront transportées au clos d'équarrissage municipal d'Aubervilliers ou dans des établissements autorisés à convertir en engrais les matières animales.

» Art. 13. Le transport des animaux morts de l'épizootie, ou abattus comme malades, ne pourra s'effectuer de la localité à la fosse, ou dans une des usines ci-après désignées, que dans des voitures hermétiquement closes et construites conformément aux prescriptions des règlements concernant le transport des matières insalubres.

» Ces voitures seront tenues en constant état de propreté, au moyen de lavages pratiqués avec des liquides désinfectants.

» Art. 14. Les fumiers provenant des étables infectées devront être enfouis.

» Art. 15. Les chiens pouvant devenir des agents de transmission de la contagion ces animaux seront tenus à l'attache dans les localités infectées, et il est ordonné de tuer tous ceux qu'on trouvera circulant sur la voie publique. (Loi du 19 juillet 1791).

» Art. 16. Les étables et autres locaux dans lesquels auront séjourné les animaux atteints de la maladie seront assainis, à la diligence des maires ou commissaires de police.

» Ces locaux ne pourront être réoccupés qu'après qu'il aura été constaté, en présence d'un expert vétérinaire, que les causes d'infections n'existent plus.

» Art. 17. Les contraventions aux dispositions de la présente ordonnance seront constatées par des procès-verbaux qui nous seront adressés pour être transmis aux tribunaux compétents.

» Art. 18. La présente ordonnance sera imprimée et affichée.

» Les sous-préfets des arrondissements de Sceaux et Saint-Denis, les maires et les commissaires de police des communes rurales du ressort de la préfecture de police de Paris, le chef de la police municipale, l'inspecteur général des halles et marchés, l'inspecteur contrôleur de la fourrière et les autres préposés de la préfecture de police sont chargés, chacun en ce qui le concerne, de tenir la main à son exécution.

» *Le préfet de police,*

» BOITTELLE. »

XXIV

Hollande.

La Haye, 22 septembre.

Jusqu'à présent toutes nos questions politiques cèdent le pas à l'épizootie. A la première comme à la seconde chambre, plusieurs séances ont été consacrées à cette calamité publique. Dans les deux assemblées, des attaques fort vives ont été dirigées contre l'abstention complète où s'était renfermé le gouvernement. On lui a reproché de n'avoir rien tenté pour prévenir et pour arrêter la contagion du fléau. M. Thorbecke a répondu que, conformément à l'esprit de nos institutions politiques, ces mesures étaient exclusivement du domaine des autorités communales, et qu'en outre le gouvernement ne s'était pas cru autorisé à défendre l'importation et le transit, ni à suspendre les marchés. La législature ne partage pas cette manière de voir.

Plusieurs députés ont fait ressortir l'impossibilité d'abandonner à douze cents communes le soin de prescrire des mesures d'une très-haute gravité, qui, pour être efficaces, doivent être uniformes. En effet, il est arrivé que les unes ont défendu, d'autres toléré l'importation et le transit d'une commune à l'autre. D'autres ont supprimé provisoirement les marchés au bétail, tandis qu'ailleurs ces marchés étaient maintenus ; au fond on n'a rien fait, au grand détriment de cette partie de notre richesse nationale. Nous possédons un million et demi de têtes de bétail.

Lors de la discussion de l'Adresse à la première Chambre, M. Van Nispen van Pannerde avait proposé un amendement blâmant le gouvernement de son inaction. Mais cet amendement, adopté d'abord par 16 voix contre 16, puis rejeté le lendemain par 15 voix contre 14, n'avait plus de portée, puisque le gouvernement avait déjà satisfait au vœu des Chambres en présentant deux projets de loi : l'un réclamant un crédit de cent mille florins pour subvenir aux frais d'expropriation des animaux infectés et pour procurer les soins de l'art partout où la nécessité s'en fera sentir, l'autre proposant de défendre l'entrée et le transit du bétail. Les chambres ont voté le crédit de cent mille florins ; on voulait même quintupler ce chiffre, mais le gouvernement a déclaré que pour le moment le crédit demandé était plus que suffisant.

(Indépendance Belge du 28 septembre 1865).

XXV.

PAS-DE-CALAIS.

Le préfet du Pas-de-Calais, officier de l'Ordre impérial de la Légion-d'Honneur,

Vu les lois et règlements sur les épizooties et la circulaire de Son Exc. le ministre de l'agriculture, du commerce et des travaux publics, en date du 11 septembre dernier ;

Considérant que des cas de typhus contagieux ont été signalés, dans les derniers jours du mois de septembre, à Eperlecques (arrondissement de St-Omer) et dans trois communes du département du Nord, limitrophes du Pas-de-Calais ;

ARRÊTE :

Art. 1er. — Les animaux de l'espèce bovine ne pourront être amenés sur les marchés du département, s'ils ne sont accompagnés d'un certificat de santé, délivrés par le maire de la commune d'où ils proviennent et par un vétérinaire breveté.

Art. 2.—MM. les maires sont chargés d'assurer la stricte exécution du présent arrêté qui sera immédiatement publié et affiché dans toutes les communes du département.

Arras, le 2 octobre, 1865.

Le préfet du Pas-de-Calais,
LEVERT.

Un nouveau cas de typhus a été constaté à Lécluse, arrondissement de Douai, par M. Lagrange, vétérinaire à Marquion. La vache étant morte après quatre jours de maladie, l'autopsie en a été faite le 5 octobre par MM. Lagrange et Delplanque, et les lésions qu'ils ont rencontrées ont pleinement confirmé le diagnostic qui avait été porté.

La vache, atteinte du typhus, avait été achetée le samedi 20 août sur le marché d'Arras, par le sieur Labalette, marchand de vaches à Lécluse, avec neuf autres, toutes provenant du même marchand; six de ces vaches sont restées à Lécluse, chez M. Coupé, les quatre autres ont été conduites à Gœulzin, chez M. Tantart, et, c'est parmi celles-ci que se trouvait la bête dont l'autopsie a été faite le 17 septembre par M. Delplanque, et qui a été déclarée atteinte de l'épizootie.

Douai. — Imp. L. Crépin, rue des Procureurs, 30 et 32.

XXVI.

Belgique.

Le *Moniteur Belge* du 11 octobre contient, à sa partie officielle, le rapport suivant :

« Sire,

» Les mesures, prises de l'assentiment de Votre Majesté pour empêcher l'extension du typhus contagieux dans le pays, ont eu un plein succès. Tous les foyers d'infection que des bestiaux importés de la Hollande et éparpillés au loin par l'intermédiaire des marchés, avaient fait naître, ont pu être détruits. Depuis que l'entrée, le transit et les marchés ont été interdits, il ne s'en est plus formé de nouveaux, et l'on est autorisé à espérer qu'en continuant pendant quelque temps encore à appliquer avec sévérité toutes les mesures de précaution qui ont été prescrites, le pays se trouvera définitivement débarrassé d'un fléau qui l'a sérieusement menacé dans l'une de ses principales branches de richesse.

» Toutefois, pour que ce résultat ne soit pas compromis, il y a lieu, Sire, de compléter les dispositions préventives auxquelles il est dû, en empêchant la contagion de s'introduire dans le pays par une voie qui jusqu'ici lui est restée ouverte. L'observation des hommes de l'art, dans les contrées où le typhus est enzootique, a démontré que cette maladie peut se transmettre des bœufs aux moutons, et de ceux-ci aux bêtes bovines. En Angleterre, des faits officiellement constatés ont prouvé la réalité de cette transmission, et tout porte à craindre qu'en Hollande, où de nombreux troupeaux de moutons paissent dans des pâturages infectés, les mêmes faits ne se produisent, si déjà ils ne s'y sont produits. Comme nous recevons de ce pays beaucoup de bêtes ovines et que ces importations tendent à s'accroître depuis que le typhus s'y est introduit, il est urgent de fermer cette voie à la contagion, en interdisant l'entrée et le transit des moutons provenant des contrées que la maladie a envahies.

» J'hésite d'autant moins à soumettre cette mesure à la sanction de Votre Majesté, qu'elle ne saurait exercer aucune influence sensible sur l'alimentation publique.

» Le ministre de l'intérieur,
» ALP. VANDENPEEREBOOM. »

Ce rapport est suivi d'un arrêté royal qui interdit l'entrée et le transit des animaux de l'espèce ovine, ainsi que des peaux fraîches et des autres débris de ces animaux par les frontières maritimes et les frontières de terre, depuis la mer jusqu'à Gemenich exclusivement.

XXVII.

Belgique.

Le *Moniteur Belge* publie le rapport suivant
adressé au Roi par les ministres de l'intérieur et
de la justice, sous la date du 21 octobre :

» Sire,

» L'arrêté royal du 18 février 1862, pris en
exécution de la loi du 28 janvier 1850, ne classe
pas le typhus contagieux parmi les maladies ré-
putées comme vices rédhibitoires, dans la vente
ou l'échange des animaux domestiques, quoique
cette maladie soit, à raison de la durée de son incubation, l'une de celles qui doivent pouvoir
donner lieu à rescision ; cette lacune s'explique
par les circonstances : le typhus n'existait pas
dans le pays à l'époque où l'arrêté a été porté ;
il n'y avait même plus été observé depuis un
demi-siècle.

» Aujourd'hui qu'il y a paru de nouveau, il
y a lieu de réparer l'omission dont il a été l'objet, et en le classant parmi les vices rédhibitoires,
de compléter ainsi les dispositions prises pour
garantir la bonne foi dans la vente des animaux

domestiques. Cette mesure ne saurait, d'ailleurs, mettre aucun obstacle à la prompte exécution des lois sur la police sanitaire ; elle en fortifiera plutôt l'action, en contribuant à réprimer des spéculations coupables qui, trop souvent, sont l'une des principales causes de l'extension des maladies contagieuses.

> » Le ministre de l'intérieur,
>
> » Alph. Vandenpeereboom.

> » Le ministre de la justice,
>
> » Victor Tesch. »

Ce rapport est suivi d'un arrêté royal du 7 novembre qui contient les dispositions que voici :

« Le typhus contagieux est réputé vice rédhibitoire dans la vente ou l'échange des bêtes bovines, chaque fois que l'animal n'a pas été mis en contact, depuis la livraison, avec des animaux atteints de cette maladie.

» Cette maladie, reconnue chez un seul animal, entraînera la rédhibition de tous ceux du troupeau qui portent la marque du vendeur.

» Le délai pour intenter l'action de la rédhibition sera, non compris le jour fixé pour la livraison, de quatorze jours pour le cas de typhus contagieux. »

XXVIII

RAPPORT A L'EMPEREUR.

Sire,

Le décret du 5 septembre dernier, relatif à l'épizootie contagieuse des bêtes à cornes, a eu un plein succès.

Nous avons pu nous défendre jusqu'à présent contre l'invasion de ce fléau, en interdisant l'introduction en France et le transit des animaux de l'espèce bovine, exclusivement, ainsi que des cuirs frais et autres débris de ces animaux, par les ports du littoral depuis et y compris Nantes jusqu'à Dunkerque, et par les frontières du nord et de l'est jusqu'au Rhin, et en fermant tous les ports et bureaux de douane de l'Empire aux animaux de cette espèce provenant d'Angleterre, de Hollande et de Belgique, ainsi qu'à leurs cuirs et débris frais.

Grâce aux mesures de police sanitaire qui ont été prescrites aux préfets dès le 11 septembre, l'épizootie, qui avait été importée dans le département du Nord par un animal acheté à Malines deux jours avant la promulgation du décret du 5 septembre, a pu être immédiatement arrêtée, et, somme toute, les pertes qu'elle nous a fait subir et les sacrifices qu'elle a nécessités pour empêcher sa propagation ne s'élèvent pas, dans les deux départements du Nord et du Pas-de-Calais, au delà du chiffre de 43 animaux, chiffre véritablement insignifiant, quand on le compare à ceux qui représentent les ravages de cette maladie en Angleterre et en Hollande.

D'après les informations accréditées par la presse, la mortalité causée en Angleterre par le typhus ou par l'abatage des animaux infectés monterait déjà à plus de 34,000 têtes, et malheureusement cette maladie, loin de décroître, serait encore en voie de progression.

En Hollande, où elle viendrait aussi de prendre une nouvelle intensité, le chiffre des malades atteindrait près de 8,000. Quant à la Belgique, où les dispositions sanitaires se rapprochent de celles que nous appliquons, elle se trouve dans des conditions meilleures. Le nombre des pertes résultant de l'épizootie, aujourd'hui à peu près éteinte, ne serait que de 400 à 500.

Nous devons l'immunité presque absolue dont nous jouissons en France au régime préservatif que nous avons adopté, et surtout à la manière dont les mesures qu'il comporte ont été comprises et mises en vigueur par tous ceux qui ont dû en assurer l'exécution. C'est ainsi que nous avons rencontré le concours le plus empressé et le plus utile dans tout notre corps diplomatique et consulaire, dans l'administration générale et chez tous les préposés du service des douanes. D'un autre côté, les préfets, les sous-préfets, les maires, les vétérinaires et les propriétaires eux-mêmes des deux départements envahis, ont rivalisé de zèle et d'intelligence, chacun dans la sphère de son action, pour étouffer le fléau dès son apparition, et, grâce à des efforts unanimes et bien concertés, nous avons pu nous en rendre maîtres sans beaucoup de frais et en peu de temps.

Après une expérience de trois mois, qui nous avait donné des résultats aussi rassurants, j'avais lieu de croire, Sire, que les mesures dont j'ai eu l'honneur de proposer la sanction à Votre Majesté par mon rapport du 5 septembre seraient suffisantes pour nous armer contre l'épizootie et nous permettre de nous en préserver, lorsque vient de se présenter un fait, sans précédent dans l'histoire du typhus contagieux, qui prouve que cette maladie peut se frayer sa voie vers nos bestiaux par l'intermédiaire d'autres animaux que ceux qui en sont habituellement atteints. Deux gazelles, importées d'Angleterre, ont transmis le typhus à un groupe de ruminants exotiques et indigènes réunis dans un établissement voisin de Paris.

Cet incident, aussi grave qu'inattendu, a un caractère d'authenticité qui m'est garanti par les rapports que m'ont transmis, sur ce point, deux agents compétents de mon administration, et par les observations concordantes de M. Leblanc, membre de l'Académie impériale de médecine, et vétérinaire à Paris.

Toutes les précautions sont prises pour que le fléau reste renfermé dans son foyer primitif et n'irradie pas sur la population bovine des localités environnantes.

Mais un événement de cette nature doit nous mettre en garde contre les éventualités qu'il permet maintenant de prévoir; et il devient nécessaire d'étendre à tous les animaux quadrupèdes, exotiques ou indigènes, autres que le cheval, l'âne, le mulet et le chien, la mesure d'interdiction qui, d'après le décret de Votre Majesté, en date du 5 septembre, ne concerne que les *animaux domestiques*.

Jusqu'à présent, je n'avais pas cru devoir user des pouvoirs dont ce décret m'investissait pour fermer celles de nos frontières qui sont spécifiées dans mon arrêté du 6 septembre aux petits ruminants domestiques, moutons et chèvres; mais, en raison du fait nouveau que je viens de porter à la connaissance de Votre Majesté, il me paraît prudent de comprendre également ces animaux dans l'interdiction. Cette mesure ne sera pas, du reste, très-préjudiciable au commerce ; car, par suite des circonstances actuelles, les pays où sévit l'épizootie ont trop besoin des ressources alimentaires que représentent leurs bestiaux pour que le courant de l'exportation de ces animaux soit considérable.

Tels sont, Sire, les motifs du nouveau projet de décret que j'ai l'honneur de soumettre à la sanction de Votre Majesté.

Le ministre de l'agriculture, du commerce et des travaux publics,   ARMAND BÉHIC.

DÉCRET.

Sur le rapport de notre ministre de l'agriculture, du commerce et des travaux publics ;

Considérant que des gazelles provenant d'Angleterre, et atteintes du typhus contagieux des bêtes à cornes, ont été introduites en France ;

Considérant qu'il importe, par suite, de prendre des mesures générales de protection et de sûreté ;

Considérant, en outre, qu'en Belgique et en Hollande il s'opère de notables transactions sur des animaux autres que ceux de l'espèce bovine et même sur des animaux de ménagerie ;

Vu notre décret du 5 septembre 1865,

Avons décrété et décrétons ce qui suit :

Art. 1er. Les mesures indiquées dans notre décret du 5 septembre 1865 en ce qui concerne les animaux domestiques, sont et demeurent applicables à tous les quadrupèdes autres que le cheval, l'âne, le mulet et le chien.

Art. 2. Notre ministre de l'agriculture, du commerce et des travaux publics est chargé de l'exécution du présent décret.

Fait au palais de Compiègne, le 5 décembre 1865.

NAPOLÉON.

ARRÊTÉ.

Le ministre de l'agriculture, du commerce et des travaux publics,

Vu le décret du 5 et l'arrêté du 6 septembre 1865 ;

Vu également le décret du 5 septembre 1865,
Arrête ce qui suit :

Art. 1er. Les mesures prescrites par l'arrêté du 6 septembre 1865 en ce qui a trait aux animaux de l'espèce bovine, sont et demeurent applicables à tous les quadrupèdes autres que le cheval, l'âne, le mulet et le chien.

Art. 2. Les préfets des départements sont chargés, chacun en ce qui le concerne, de l'exécution du présent arrêté.

Fait à Paris, le 5 décembre 1865.

ARMAND BÉHIC.

XXIX

Le typhus dans l'arrondissement de Douai.

*A Messieurs les Membres de l'Association Vétéri-
naire des départements du Nord et du Pas-de-
Calais.*

MESSIEURS ET HONORÉS COLLÈGUES,

Chargé par l'Administration du service des
épizooties dans l'arrondissement de Douai, j'ai
été, à ce titre, appelé à y constater, dans le courant des mois de septembre et d'octobre derniers,
plusieurs cas de typhus contagieux des bêtes
bovines. L'accomplissement strict et consciencieux de ce devoir, auquel je ne pouvais songer
à me soustraire, m'a attiré, de la part des bouchers, et surtout des marchands de vaches, de
nombreuses et très-vives attaques. Je devais
m'y attendre ; l'alarme répandue parmi les cultivateurs par l'annonce de l'invasion de l'épizootie arrêtait immédiatement toutes les transactions
sur le bétail, et portait ainsi dommage aux
marchands dont elle tarissait, au moins momentanément, les bénéfices. Il est rare que l'intérêt

particulier sache se sacrifier de bonne grâce aux intérêts généraux ; d'ailleurs, la classe d'hommes qui se trouvait ainsi soulevée contre moi n'a jamais été réputée, que je sache, pour l'urbanité ni pour la courtoisie de ses procédés ; aussi ces attaques, si inconvenantes qu'elles aient été, m'auraient-elles laissé tout-à-fait indifférent, si je n'avais eu le déplaisir de voir un de nos collègues, M. Lenglen, leur prêter l'appui de sa plume et de sa parole, et leur donner ainsi un retentissement auquel elles n'étaient pas appelées.

Je comprends que M. Lenglen ait éprouvé des doutes sur la réalité des cas de typhus que je signalais, et je suis d'autant moins disposé à lui en faire un crime, que j'ai moi-même voulu conserver ces doutes aussi longtemps que cela m'a été possible ; c'est ce qui explique pourquoi ne voulant pas m'en rapporter à ma seule appréciation, j'ai cru devoir, avant de conclure faire appel à l'expérience déjà acquise par M. Pommeret, en matière de typhus ; pourquoi aussi j'ai livré au contrôle du plus grand nombre possible de confrères tous les faits de typhus qui se sont présentés à moi.

Mais ce que je crois être en droit de reprocher à notre collègue d'Arras, c'est d'avoir choisi pour confidents de ses doutes, les lecteurs du *Courrier du Pas-de-Calais*, en dirigeant contre moi, dans ce journal, des attaques dont je me croirais toujours en droit de contester l'opportunité, quand bien même elles auraient été formulées d'une manière plus convenable.

Collaborateur du *Courrier*, disposant à volonté de la publicité de ce journal, M. Lenglen a pu tout à son aise y pratiquer contre moi ce qui, en terme de journaliste, s'appelle un *éreintement*. Le fonds comme la forme de la réplique de M. Lenglen à la réponse que j'avais cru devoir faire à son premier article m'ont fait voir que je n'avais d'autre parti à adopter que de déserter le plus vite possible une lutte dans laquelle les armes n'étaient pas égales, et que mon adversaire, se croyant assuré des sympathies des juges qu'il s'était choisis, pouvait toujours terminer, quoiqu'il en advint, et quand il le voudrait, par un chant de victoire.

Je laissai donc M. Lenglen se parer tout à son aise des couronnes que lui tressaient les marchands de vaches habitués du marché d'Arras, et s'adjuger en toute liberté le gain de sa cause, me réservant de reprendre le débat en temps opportun, et de le porter devant une juridiction moins partiale et plus compétente.

C'est ce que je crois pouvoir faire aujourd'hui, messieurs, en mettant sous vos yeux toutes les pièces du procès, dont l'examen vous permettra de décider si, comme l'affirme M. Lenglen, je me suis grossièrement trompé en rapportant au typlus les cas de maladie observés dans les environs de Douai ; si , au contraire , comme je le pense, M. Lenglen n'a pas, par la forme dont il a revêtu ses dénégations aussi persistantes que peu motivées, enfreint toutes les obligations d'une bonne confraternité, et porté une atteinte regrettable à la considération professionnelle.

Ceux d'entre vous qui lisent le *Courrier* du Pas-de-Calais, et c'est, je le pense, le plus petit nombre, peuvent seuls avoir suivi notre discussion ; pour la complète édification des autres , je crois utile de reproduire ici *in extenso* cette polémique , en l'extrayant textuellement du journal d'Arras.

Je commencerai, pour plus de clarté, par vous présenter, en l'empruntant au rapport que j'ai adressé à M. le Préfet du Nord , la description détaillée des cas de typhus que j'ai été appelé à observer.

X.

Le 15 septembre 1865, M. D'Heursel, maire de Gœulzin, déclarait par lettre à M. le sous-préfet de Douai, d'après l'avis d'un maré-chal-expert, qu'une vache appartenant à M. Tantart, Edouard, cultivateur en cette commune, était atteinte du typhus. Envoyé immédiatement à Gœulzin pour constater le fait, je recueillis tout d'abord, au sujet de la bête malade, les renseignements suivants :

Le 20 août dernier, le sieur Labalette, Philippe, marchand de vaches à Lécluse, venait livrer chez Tantart quatre vaches destinées à l'engraissement, achetées par lui, la veille, sur le marché d'Arras, du sieur Grain, dit Baptiste, marchand de vaches à Rocquignies (Pas-de-Calais). Ces vaches, de race artésienne, portaient toutes aux pieds des fers indiquant qu'avant d'arriver au marché d'Arras, elles avaient dû parcourir une longue distance.

Une de ces quatre bêtes a présenté, dès son arrivée, un état de santé peu satisfaisant : son appétit était capricieux, elle ruminait irrégulièrement. Vers le 10 septembre, son état devenant plus grave, et commençant à inspirer quelques inquiétudes, on se décida à la retirer, pour l'isoler, de l'étable dans laquelle elle se trouvait avec six autres vaches.

A mon arrivée chez Tantart, je trouve la bête malade dans une arrière-cour, sous une porte couverte servant de remise, ou *charreterie*; elle est faible, reste presque constamment couchée; quand on la force à se lever, elle a peine à se tenir sur ses membres, sur lesquels elle reste comme arcboutée pour maintenir son aplomb; elle tient la tête basse, allongée en avant; le regard est triste, sombre; les yeux pleurent, et les larmes qui s'en écoulent forment de chaque côté un sillon sur le chânfrein; les oreilles, dirigées en arrière, restent immobiles, appliquées sur l'encolure. La colonne vertébrale est voussée, inflexible; la peau est froide, le poil terne, hérissé; le mufle est sec; les cornes et les oreilles sont froides; les conjonctives présentent une coloration rouge tirant sur le ponceau; la muqueuse du vagin est rose, plus foncée vers le fond. Les gencives ont une teinte plombée; des naseaux et des lèvres s'écoule un liquide clair; le pouls est filant, effacé; les battements du cœur sont à peine perceptibles; la respiration est plaintive; on observe des tremblements derrière les épaules; le pis est flasque; les urines sont épaisses, jaunes, odorantes. La vache expulse, en quantité peu considérable, des excréments demi-liquides, d'une odeur fétide, mêlés de mucosités d'un brun roussâtre.

L'existence du typhus, sur cette vache, étant à mes yeux de la plus entière évidence, j'en propose l'abattage , qui , vu l'heure avancée de la journée, est remis au lendemain matin.

Le 16, je trouve la position de la bête encore empirée ; j'essaye d'abord de la faire marcher jusqu'à la fosse qui a été préparée pour elle ; après avoir fait avec la plus extrême difficulté à peu près la moitié du trajet , c'est-à-dire à peine cent mètres , elle tombe , et on est obligé de la charger sur un traîneau, après l'avoir fait achever d'un coup de masse qui n'a dû avancer que très-peu le moment de sa mort.

L'autopsie , faite immédiatement , me fait découvrir les lésions suivantes :

La muqueuse de la caillette offre une couleur rouge lie de vin uniforme sur toute son étendue.

L'intestin grêle , contracté, presque vide, ne contient qu'une petite quantité de matières crémeuses, d'une teinte chocolat ; sa muqueuse est pâle , et les plis qu'elle forme sont colorés en rouge livide foncé, et dessinent, sur cette membrane , un réseau irrégulier très caractéristique. Les glandes de Peyer sont tuméfiées , mais non ulcérées , et les plaques gaufrées très saillantes qu'elles forment sont disposées en une sorte de chapelet presque continu sur toute la longueur de l'instestin grêle ; la surface externe de cet organe présente sur beaucoup de points une teinte brune prononcée, surtout sur les bosselures que forment, sur la courbure opposée à l'insertion du mésentère, les plaques saillantes que je viens de signaler.

Le cæcum et le colon, rétrécis, contractés, épaissis par une infiltration de sérosité déposée entre leurs tuniques, présentent, sur leur muqueuse, les mêmes lésions que l'intestin grêle.

Le rectum est doublé de volume : ses tuniques sont séparées par une exsudation abondante de sérosité citrine.

Les lames du mésentère sont presque partout écartées l'une de l'autre par un dépôt, sur quelques points très-épais de la même sérosité citrine, coagulée, gélatiniforme.

Le médiastin, ainsi qu'une portion du feuillet pariétal du péritoine, vers le bassin, présentent une coloration noirâtre, produite par un réseau serré de vaisseaux très-développés et injectés.

Le sac péritonéal contient environ vingt litres de sérosité trouble ; on n'y rencontre ni fausses membranes ni adhérences.

La vessie est épaissie, infiltrée, et porte vers son fond de larges taches ecchymotiques.

Le foie, la rate, les reins, ne présentent rien d'anormal.

Le poumon, sain du reste, est emphysémateux vers ses bords.

Le cœur offre, dans son ventricule gauche, une large ecchymose.

Trouvant dans les lésions révélées par cette autopsie une confirmation à mes yeux complète de mon diagnostic, je visitai avec soin les six bêtes avec lesquelles la vache malade avait cohabité depuis son arrivée dans l'étable jusqu'au jour où elle fut mise à part : toutes ces vaches m'ont paru en bonne santé ; je remarquai seulement que les trois bêtes arrivées avec la malade et une des anciennes présentaient la coloration particulière de la vulve qui est signalée par M. Bouley, comme un indice de l'existence du typhus.

Je prescrivis la séquestration rigoureuse de ces six vaches, qui ont été examinées par M. Pommeret le 18 et le 20 septembre, que je me proposais de laisser vivre au moins jusqu'à ce qu'un second cas de typhus vînt se déclarer parmi elles. Un ordre de M. le Préfet du Nord me força à les faire abattre le 23 septembre ; aucune de ces bêtes n'avait à cette date montré le moindre dérangement dans sa santé. On a trouvé sur une seule d'entr'elles quelques rougeurs dans la caillette et dans le duodenum, et un peu d'infiltration œdémateuse dans le tissu cellulaire sous-sternal.

.·.

M. Watel, Jean-Noel, cultivateur à Férin, achète le 6 septembre 1865 sur le marché de Douai, du sieur Jalin, Benoit, marchand de va-

ches à Sin, une vache arrivée au terme de sa
gestation. Cette vache, de race artésienne, a
été achetée par Jalin, au marché d'Arras du
2 septembre, de la nommée Fifine Pronnier,
marchande de vaches à Rivière ; elle est ferrée
des quatre pieds. Cette bête, qui présente toutes
les apparences de la santé, vêle heureusement
trois jours après son arrivée chez Watel. (Le
veau meurt deux jours après). La secrétion du
lait s'établit bien ; et s'élève par jour jusqu'à
16 litres.

Le 14 septembre au matin, la vache refuse de
manger ; on essaye vainement de la traire, elle
n'a plus de lait ; elle tousse de temps en temps,
paraît oppressée, se refroidit, puis, le soir, est
trouvée tout en sueur.

M. Watel, craignant que sa vache ne soit prise
du *coup de poumon* (pleuro-pneumonie exsudative), vient dans la matinée du 15 septembre,
me demander d'aller la voir. Arrivé à Férin à
midi, je trouve la bête triste, abattue ; les cornes
et les oreilles sont froides, la peau est sèche,
froide, le poil est hérissé ; les reins sont inflexi-
bles ; le pis est flasque: Diarrhée liquide, abondante, fétide ; toux sèche sonore, sans rapport
avec celle du *coup de poumon*. Le facies de la
malade ne ressemble pas à celui qui fait si bien
reconnaître une vache pleuro-pneumonique. Les
conjonctives sont rouges-acajou, les yeux pleurent. Le vagin présente sa teinte normale.

J'ausculte et je percute la poitrine, et cette exploration ne me fait découvrir aucune trace d'affection pulmonaire.

Je déclare que la vache n'est pas atteinte de la pleuro-pneumonie, et que le siége de sa maladie me parait être dans le tube digestif. Beaucoup des symptômes que j'observe me paraissent appartenir au typhus, mais la crainte de répandre prématurément l'alarme m'empêche de faire part de mes craintes à M. Watel ; — notons que je devais savoir seulement quelques heures plus tard qu'un cas de cette redoutable maladie existait à 2 kilomètres de Férin (à Gœulzin). — Je me borne donc a recommander de tenir la bête complètement isolée des autres vaches de la maison.

Je revois cette bête le 16, en me rendant à Gœulzin; elle tient la tête basse, les oreilles sont couchées en arrière, immobiles ; les larmes plus abondantes, tracent de chaque côté un sillon sur le chanfrein ; les naseaux laissent écouler un jetage clair, mêlé de sang du côté droit ; la diarrhée continue. — Je me décide à avertir M. le maire de Férin des soupçons que j'éprouve sur la nature de la maladie, et le prie de veiller à ce que la séquestration de cette bête soit rigoureusement maintenue.

Ce cas, bien moins complètement caractérisé que celui de Gœulzin, me laissant quelques doutes, je me rendis le 17, à Lille, afin de le sou-

mettre à M. Pommeret , que je savais avoir eu
l'occasion d'observer tout récemment plusieurs
vaches atteintes du typhus à Watrelos. Au moment même où j'arrivais chez lui , notre honorable président recevait l'avis qu'un nouveau cas
de typhus s'était déclaré à Pont-à-Marcq. J'ac-
ceptai , on le pense bien , avec reconnaissance,
l'offre obligeante que voulut bien me faire
M. Pommeret d'examiner ensemble le lendemain
les deux vaches de Pont-à-Marcq et de Férin.

Le 18, j'allai, comme c'était convenu, rejoin-
dre M. Pommeret à Pont-à-Marcq. La vache signalée comme malade dans cette commune, était
morte pendant la nuit. Nous en fîmes immédiatement l'autopsie, dont il ne m'appartient pas de
donner ici les détails, et dont je dois me borner
à dire qu'elle nous a fourni , sur l'existence du
typhus , tous les éléments de conviction dési-
rables.

Nous étant rendus ensuite à Férin , nous y
rencontrons notre confrère , M. Houviez , qui
procède avec nous à l'examen de la vache du sieur
Watel. L'état de cette bête a encore empiré ; les
conjonctives présentent une teinte acajou plus
foncée ; le vagin, je dois le noter, conserve toujours sa teinte rose normale.

L'exploration de la poitrine ne donne, comme
la première fois, que des résultats négatifs.

MM. Pommeret et Houviez étant comme moi
d'avis que les symptômes observés sur notre va-

che sont bien ceux du typhus, l'abattage en est décidé et immédiatement exécuté avec toutes les précautions prescrites ; l'autopsie, à laquelle assiste le sieur Jalin, vendeur, nous permet de faire les constatations suivantes :

Le troisième estomac ou feuillet ne contient que des matières liquides, et les lames ne portent aucune trace d'inflammation ; la muqueuse du quatrième estomac présente, dans toute son étendue, une teinte rouge lie de vin, plus foncée sur les plis que forme cette membrane.

L'intestin grêle est enflammé dans toute son étendue ; sa muqueuse présente des taches arrondies, d'un rouge vif, disséminées sur toute sa surface ; les plaques de Peyer, engorgées, saillantes sur un grand nombre de points de l'intestin, offrent à leur surface un aspect gaufré très-caractérisé.

La vessie est phlogosée.

Le cœur présente, dans ses cavités ventriculaires, des taches ecchymotiques.

Le poumon est sain, seulement un peu emphysémateux ; cet organe, examiné très-attentivement, n'a laissé voir aucune trace de la pleuropneumonie.

Des trois vétérinaires présents, aucun n'a élevé le moindre doute sur la nature des lésions révélées par l'autopsie ; tous trois, et j'insiste tout particulièrement sur ce point , ont déclaré de la manière la plus explicite , que , pour eux , la vache du sieur Watel était bien atteinte du typhus.

Le sieur Watel, ayant eu la précaution de tenir cette bête isolée , dès son arrivée , dans une petite étable éloignée de celle où se trouvent les cinq autres vaches qu'il possède, l'abattage de ces vaches n'a pas été jugé nécessaire.

*
* *

Le 19 septembre, M. le maire de Gœulzin informe M. le sous-préfet qu'un second cas de typhus s'est déclaré dans cette commune , chez le sieur Maillet, Dominique.

Voici, à ce sujet, les constatations résultant de ma visite : La vache du sieur Maillet a cessé, le matin, de manger et de donner son lait ; elle était sombre , abattue ; sa respiration était plaintive ; la tête était basse, les oreilles couchées en arrière, les yeux larmoyants ; les conjonctives et le vagin présentaient la teinte acajou indiquée comme caractéristique du typhus.

A mon arrivée, à trois heures du soir, je constate encore l'existence des mêmes symptômes ; seulement, on me dit que la bête est un peu moins triste que le matin , qu'elle a cherché à manger, et qu'elle a donné un peu de lait à midi.

Cette vache est seule dans son étable , qu'elle habite depuis plus de trois ans, sans en sortir jamais. Je dois seulement noter que l'étable occupe le fond d'une cour ouverte, située juste au tournant de la rue dont la ferme du sieur Tantart forme un des angles d'entrée, que la remise où avait été déposée la vache malade de Tantart, remise fort incomplètement fermée du côté de la rue, est à moins de cent mètres en ligne droite de l'étable de Maillet, et que le vent qui régnait alors, après avoir passé devant la remise, où il pouvait se charger de miasmes pestilentiels, allait s'engouffrer dans la cour de Maillet.

Cette circonstance, rapprochée des symptômes caractéristiques qui ont été notés plus haut, me porte à considérer la vache de Maillet comme ayant été touchée par l'épizootie.

J'ai revu cette vache le 20 avec M. Pommeret; son état continuait à s'améliorer; elle n'a pas tardé à se rétablir complètement.

*
**

En passant, le 20 septembre, l'inspection des bestiaux exposés en vente sur le Marché de Douai, je trouve trois bêtes malades, qu'après un examen attentif, je me crois autorisé à considérer comme suspectes au point de vue de l'épizootie régnante.

C'est, en premier lieu, une vache de race artésienne, appartenant au sieur Dussart, Barthélemy, marchand de vaches à Sin, qui déclare l'avoir achetée, sur le marché d'Arras du 2 septembre , du sieur Théophile , marchand de vaches à Rivière. Cette bête n'a pas été présentée aux deux marchés précédents, parce que , d'après l'aveu de Dussart , elle *n'était pas bien portante* ; elle est triste , tient la tête basse ; les oreilles restent couchées en arrière ; les yeux sont abattus, larmoyants ; les cornes et les oreilles sont froides ; la salive s'écoule filante des deux commissures des lèvres ; les conjonctives sont d'un rouge violacé ; le vagin offre tout à fait la teinte acajou caractéristique , avec vergetures plus foncées, et enduit grisâtre sur plusieurs points de la muqueuse.

2° Une génisse de race artésienne appartenant aussi au sieur Dussart , et achetée par lui au marché d'Arras du 16 septembre, de la nommée Sophie, marchande de vaches à Dainville. —Tristesse, prostration ; tête basse, oreilles couchées sur l'encolure , regard sombre ; larmoiement ; quelques vergetures violacées sur la muqueuse du vagin.

3° Génisse de race artésienne, ferrée, appartenant au sieur Fournier, Théophile, marchand de vaches à Douai, et achetée par lui à Arras, au marché du 16 septembre, du sieur Floréal, marchand de vaches à Avesnes (Pas de-Calais). — Tristesse, larmoiement ; agitation lente et régulière de la tête de haut en bas.

Je fais conduire ces trois vaches en fourrière à l'abattoir, où je les revois une heure après. Ce nouvel examen qui dissipe en grande partie les craintes que m'avaient inspirées les deux génisses, me confirme au contraire dans mon opinion relativement à la vache de Dussart. J'invite par télégramme M. Pommeret à venir examiner ces bêtes, et cette nouvelle visite a lieu à l'abattoir, à 3 heures après midi, en présence de M. Mitaut, vétérinaire en premier au 9ᵉ régiment d'artillerie, et au milieu d'une foule plus nombreuse que sympathique, composée de tous les bouchers de Douai, et du plus grand nombre des marchands et des cultivateurs qui se trouvaient le matin sur le marché.

Après un examen complet et minutieux, il est décidé que les deux génisses, considérées seulement comme suspectes, seront laissées en observation dans les étables de l'abattoir ; la vache du sieur Dussart, déclarée atteinte du typhus à une période encore peu avancée, est immédiatement abattue, et nous laisse voir les lésions caractéristiques suivantes :

La caillette présente sur un tiers environ de son étendue, des vergetures de couleur lie de vin, avec une coloration plus foncée au sommet des plis que forme sa muqueuse ; sur ces plis à teinte plus foncée, nous remarquons de petites élevures, ulcérées à leur sommet, les unes arrondies, les autres allongées, étroites, sinueuses, couvertes toutes de caillots sanguins ; nous trouvons en outre , sur la même membrane, quelques taches lenticulaires, blanchâtres.

La muqueuse du duodénum porte des traces d'inflammation : rougeurs , taches ecchymotiques , quelques ulcérations de même apparence que celles du quatrième estomac, et un certain nombre de plaques gaufrées , saillantes. Aucun autre organe ne présente de lésions; le poumon, qui attire tout particulièrement notre attention, est un peu *soufflé* , emphysémateux , et n'offre aucune trace ni récente , ni ancienne de la pleuro-pneumonie.

L'existence du typhus étant constatée, je propose l'enfouissement de la bête , mais M. Pommeret déclarant que , vu le bel aspect de la viande et l'état peu avancé de la maladie, il ne trouve aucun inconvénient à la laisser livrer à la consommation, je me range à son avis.

Au moment où nous nous disposons à quitter l'abattoir, un des bouchers qui ont suivi l'autopsie, montre à M. Pommeret, sur deux caillettes appartenant à des vaches qu'on vient de tuer, des lésions de même nature que celles observées sur la vache du sieur Dussart; sur l'une de ces deux caillettes , les ulcérations sont même plus larges et plus nombreuses. Les bouchers tirent de leur trouvaille cette conclusion, que ce que nous considérons comme des lésions caractéris-

tiques du typhus se retrouve à l'état normal sur
toutes les bêtes bovines. Nous leur déclarons
de notre côté, que les lésions qu'ils ont décou-
vertes indiquent que les vaches qui les portaient
étaient, comme celle du sieur Dussart, attaquées
du typhus, qui n'était encore sur ces bêtes qu'à
l'état d'incubation. Ils refusent du reste de vous
indiquer les vaches dont proviennent les esto-
macs ulcérés.

Les deux génisses, abattues le 23 septembre
par ordre de M. le préfet du nord, paraissaient
rétablies et leur autopsie ne m'a montré ni dans
leurs caillettes ni dans leurs intestins grêles,
aucune trace des lésions décrites ci-dessus, lésions que j'ai vainement cherchées, ai-je besoin
de le dire, sur un grand nombre de bêtes
sacrifiées à l'abattoir de Douai pendant les trois
semaines suivantes.

****

M. Couppé, cultivateur à Lécluse, achète le
20 août du sieur Philippe Labalette, marchand
de vaches, demeurant dans la même commune,
six vaches qu'il choisit dans une troupe de dix
bêtes achetées la veille par Labalette sur le marché d'Arras du sieur Grain, dit Baptiste, marchand de vaches à Rocquignies. Les quatre vaches restant après le choix de M. Couppé sont
conduites à Gœulzin, et livrées par Labalette

au sieur Tantart le même jour, 20 août. — C'est parmi elle que se trouvait la vache dont j'ai fait l'autopsie à Gœulzin le 18 septembre, et qui fait l'objet de ma première observation.

Toutes ces bêtes sont de races artésienne, et portent des fers aux pieds.

Les six vaches achetées par M. Couppé sont placées dans une étable où elles restent isolées des autres bestiaux de la ferme. Une d'entr'elles est vendue demi-grasse, et pour être livrée à la consommation, vers le 20 septembre, au sieur Dormart, boucher à Tortequenne.

Le 28 septembre au soir, (ici je me borne à transcrire les notes qui m'ont été fournies par notre confrère, M. Lagrange, de Marquion,) une des cinq bêtes restantes devient triste, perd l'appétit, cesse de ruminer; la bouche est chaude, brûlante, et laisse échapper de la salive par les commissures des lèvres ; les conjonctives sont injectées, avec infiltration jaunâtre ; léger jetage par les naseaux ; toux petite, répétée de temps en temps ; respiration accélérée. A l'auscultation, râle crépitant à la partie inférieure du poumon droit. — Diarrhée noirâtre. — Décubitus fréquent.

Ces symptômes vont en s'aggravant jusqu'au 1ᵉʳ octobre. On remarque ce jour-là des tremblements généraux, surtout visibles en arrière des épaules ; chaleur et refroidissement alter-

natifs de la peau ; tête tendue, fixe, portée bas ;
oreilles immobiles, tombant en arrière, position
de tête qui, suivant M. Lagrange, *a un cachet
tout particulier*, et qu'il déclare n'avoir rencontrée dans aucune maladie. Les yeux, injectés,
jaunâtres, laissent échapper des larmes aussitôt
qu'on cherche à les explorer. Respiration très
accélérée, sans cornage, mais accompagnée de
plaintes prolongées, *langoureuses*, toutes différentes de celles de la pleuro-pneumonie, qui
sont courtes, régulières. Écoulement de salive
par la bouche, qui est brûlante, mais ne présente sur aucun de ses points de soulèvement
de son épithélium.

Tuméfaction à la gorge ; déglutition des liquides pénible ; la bête n'avale qu'une très-petite
quantité à la fois, et en retirant la tête du seau
chaque fois qu'elle veut avaler une gorgée.
Flancs retroussés. — Diarrhée noirâtre. — Muqueuse du vagin jaune-pâle.

Le 2 octobre, à tous ces symptômes s'ajoute
une grande faiblesse de la bête, qui est presque
toujours couchée ; si on l'oblige à se lever, elle
chancelle, et a de la peine à reprendre son équilibre ; stupeur, prostration extrême. Les yeux
s'enfoncent dans les orbites sans presque laisser
échapper de larmes ; presque plus de jetage. —
Température du corps abaissée. — Diarrhée
brune-noire, contenant des caillots de sang

presque en nature, de trois à quatre centimètres de diamètre, et présentant jusqu'à *quarante ou cinquante* centimètres de longueur.

L'absence de quelques-uns des symptômes signalés comme caractérisant l'épizootie empêchant M. Lagrange de se prononcer catégoriquement sur la nature de la maladie, qu'il croit néanmoins être bien le typhus, il fait à M. le Maire de Lécluse, le 2 octobre, une déclaration qui est transmise à M. Sous Préfet, et par suite de laquelle je me rends à Lécluse le 3, à huit heures du matin.

Je trouve la vache, qui est morte pendant la nuit, dans une petite étable où on l'a tenue isolée depuis le moment où l'on a commencé à la soupçonner atteinte de la peste bovine. Le ventre n'est pas ballonné ; la gorge est tuméfiée ; les muqueuses apparentes sont pâles ; le vagin présente vers son fond quelques vergetures brunes lie de vin. — Un des longs caillots sanguins signalés par M. Lagrange est encore engagé dans l'anus.

Nous faisons, de concert avec M. Lagrange, transporter le cadavre dans un champ situé à plus de 200 mètres du village, et nous procédons à l'autopsie, qui nous donne les résultats suivants :

Le 3ᵉ estomac ou feuillet contient des aliments desséchés, en forme de tourteaux ; beaucoup de ses lames présentent des tâches ecchymotiques et des arborisations; leur épithélium est détaché, et adhérent aux matières alimentaires desséchées.

Le 4° estomac ou caillette présente, sur sa muqueuse une teinte uniforme, brun-acajou, plus foncée sur les duplicatures; — pas d'ulcérations.

L'intestin grêle est flasque, a revêtu une teinte générale verdâtre, et contient des matières liquides brunâtres. La muqueuse du duodénum est finement vergetée de noir; celle des parties suivantes laisse voir de nombreuses tâches ecchymotiques, des plaques gaufrées très-marquées, et quelques ulcérations.

Les gros intestins portent sur toute leur étendue des traces d'inflammation qui deviennent plus vives à mesure qu'on se rapproche davantage de l'anus; partout, nous trouvons un réseau *acajou* très caractérisé, partout, une exsudation sanguinolente forme, à la surface de la muqueuse, une couche épaisse, de consistance crèmeuse. Le rectum est infiltré, et les plis longitudinaux de sa muqueuse offrent *tous*, à leur sommet, une teinte *brun-acajou* très foncée. — Des caillots sanguins solides, en forme de cordes, mélangés de quelques petites pelotes d'excréments, occupent toute la longueur de cette portion de l'intestin.

La vessie, la matrice, la rate, le foie, ne présentent aucune lésion.

Le cœur montre, dans toutes ses cavités, de larges taches ecchymotiques.

Le larynx et la trachée-artère sont infiltrés; leurs parois sont épaissies par un dépôt abondant de sérosité jaunâtre; nous trouvons, dans le tissu cellulaire qui réunit entr'eux les cartilages laryngiens, du sang épanché sous forme d'ecchymoses. La muqueuse de toute cette portion des voies respiratoires est rouge, enflammée; nous trouvons sur la muqueuse trachéale, du côté droit et à environ trois centimètres en-dessous du larynx, une fausse membrane épaisse, grisâtre, de forme irrégulièrement allongée, de dix centimètres de longueur sur deux à trois de largeur moyenne. D'autres fausses-membranes moins larges recouvrent en grande partie l'épiglotte et la face interne des cartilages laryngiens du côté gauche, et s'étendent un peu en descendant sur la muqueuse de la trachée.

Les bronches sont injectées, obstruées par des mucosités épaisses; le lobule antérieur du poumon gauche est infiltré d'un dépôt sanguin brunâtre, d'une teinte uniforme dans sa coupe, sans marbrures, et présentant quelqu'analogie avec l'hépatisation rouge. La même altération se montre sur plusieurs points très-circonscrits du bord inférieur des deux poumons.

L'œsophage présente entre ses membranes une infiltration de sérosité citrine; son épithélium est détruit sur un grand nombre de points, formant sur toute sa longueur des espèces d'ulcérations confluentes, à fond recouvert d'une matière grisâtre, disposées en une sorte de réseau à mailles étroites.

Les organes portant les principales de ces lésions, rapportés par moi à Douai, ont été soumis le même jour à MM. Mitaut et Ecoifflier, vétérinaires au 9° régiment d'artillerie; le lendemain, à MM. Bagnéris et Léonardi, docteurs en médecine à Douai; enfin, à **M.** Pommeret, qui est venu les voir chez moi; tous, après avoir examiné ces pièces pathologiques, se sont accordés à reconnaître qu'elles caractérisent le typhus de manière à ne laisser aucune place au doute.

L'abattage des quatre vaches *encore saines* qui sont arrivées avec la bête infectée et ont habité la même étable, a été immédiatement ordonné et exécuté.

*
* *

M. le Maire de Cantin me fait venir dans sa commune, le 4 octobre, pour visiter une vache appartenant au sieur Carlier, Pierre, cabaretier; cette vache, de race artésienne, ferrée, achetée

sur le marché d'Arras du 9 septembre du sieur
Théophile, marchand de vaches à Rivière, était
à son arrivée à Cantin, atteinte de la cocotte,
dont elle s'est assez vite guérie; elle a vêlé heureusement vers le 20 septembre; elle est tombée
malade le 27.

Je la trouve triste, la tête basse, les oreilles
couchées, froides ainsi que les cornes. La respiration est plaintive. Les muqueuses sont pâles,
le poil piqué, les yeux larmoyants; il y a un peu
de prostration. Le nez est sali par un jetage
glaireux peu abondant. La secrétion du lait
n'est pas arrêtée; la bête en donne encore huit
litres par jour. Les excréments sont de consistance ordinaire; la vulve n'est le siége d'aucun
écoulement.

Je déclare que les symptômes présentés par
cette vache, bien qu'ils puissent donner lieu
à quelque suspicion, ne me permettent pas de
conclure à l'existence du typhus contagieux ; je
croirais plus volontiers à une métro-péritonite.

Le veau qui est dans la même étable, et mange
le lait de sa mère, se porte parfaitement.

Je revois cette vache le 6 octobre, sur une
nouvelle invitation de M. le Maire de Cantin :
elle mange mieux, se plaint moins, porte mieux
la tête, ses yeux sont moins larmoyants. Je me

crois fondé à porter un pronostic favorable sur
l'issue de la maladie.

Les jours suivants, la bête se maintient à peu
près dans le même état ; seulement, la secrétion
du lait diminue peu à peu, et le 12 au soir, on
en obtient à peine un demi-litre. La bête mange
encore un peu, et ses excréments, qu'elle ne laisse
aller qu'en petite quantité, continuent à être de
consistance ordinaire.

Le 13 octobre au matin, on trouve la vache
étendue sur le côté gauche, et dans l'impossibilité de se relever; on la redresse à-demi sur la
poitrine, en l'appuyant contre la mangeoire; elle
est dans un état de prostration extrême, reste avec
le nez dans sa litière, ouvre à peine les yeux : la
peau est froide, le pouls imperceptible, la respiration presque nulle ; les conjonctives et le
vagin offrent une teinte lie de vin très foncée.
C'est dans cet état que je la trouve le 13 à 4
heures du soir; elle meurt à 5 heures.

L'autopsie, que je fais le 14 octobre à 8 heures du matin, en présence et avec l'aide de
M. Bernard, d'Aubencheul-au-Bac, nous donne
les résultats suivants :

Le péritoine porte sur toute son étendue ,
aussi bien sur son feuillet pariétal que sur le vis-
céral, de nombreuses et larges plaques rouges ,

indices d'une inflammation récente; — pas d'hydropisie; — pas d'adhérences.

Le feuillet est rempli d'aliments mous; ses lames sont, pour la plupart, dépouillées de leur épiderme, et couvertes d'arborisations plus ou moins étendues.

La caillette offre entre ses membranes une très forte infiltration; ses duplicatures sont très épaisses; sa muqueuse est d'un *rouge lie de vin* sur toute son étendue, avec des nuances plus sombres sur quelques points.

L'intestin grêle est flasque, rougeâtre à l'extérieur, à demi rempli de matières liquides, noirâtres. Le duodénum laisse voir sur sa muqueuse des vergetures *acajou* très marquées, formant réseau; ses membranes, de même que celles du reste de l'intestin, sont écartées l'une de l'autre par une infiltration de sérosité citrine. La muqueuse des portions intestinales qui s'étendent depuis le duodénum jusqu'au cœcum porte des arborisations assez rapprochées; presque partout, cette muqueuse est brune lie de vin, et se détruit facilement sous la pression du doigt. Les plaques de Payer sont franchement accusées sur quelques points. Le mésentère est un peu infiltré et emphysémateux à son point de jonction avec l'intestin.

Les gros intestins portent sur quelques-unes

de leurs parties un réseau de vergetures *acajou*
bien caractérisées, et sont remplis de matières à
demi liquides. Le rectum présente sur toute son
étendue une teinte lie de vin, plus foncée sur
ses plis longitudinaux; il contient une petite
quantité d'excréments d'aspect normal.

La muqueuse de la vessie offre partout une
teinte lie de vin uniforme.

La matrice est rétractée; sa muqueuse présente aussi une teinte lie de vin très-foncée,
presque noire sur les cotylédons, qui sont ré-
duits à la dimension d'un pois. La capacité de
cet organe ne contient qu'une très-petite quantité de mucosités épaisses, glaireuses, mêlées de
quelques petits grumeaux blancs.

Les reins ont leur tissu propre injecté et par-
semé de vergetures noirâtres.

Le poumon est sain, seulement un peu emphysémateux.

Les cavités droites du cœur montrent partout
dans leur intérieur une teinte rougeâtre, livide;
dans le ventricule gauche, nous trouvons des tâches ecchymotiques très larges.

Les lésions que je viens de retracer nous
donnaient-elles le droit de conclure, comme
nous nous sommes crus autorisés à le faire,
à l'existence du typhus? Je persiste encore
aujourd'hui dans ma conviction à cet égard;

l'absence de symptômes locaux, la persistance de la sécrétion lactée, et je crois même pouvoir dire, malgré la coloration particulière de la muqueuse utérine , l'absence de lésions dans la matrice ne nous permettaient pas de songer à la métrite. Restait la péritonite, que les lésions observées dans l'intérieur du tube intestinal, beaucoup plus graves que celles du péritoine nous ont portés à mettre au second rang, dans l'ordre d'importance des phénomènes morbides observés sur cette vache. Vous apprécierez , Messieurs, si nous nous sommes trompés.

Le veau qui avait cohabité avec sa mère a été sacrifié et livré à la consommation dans la commune.

**

Il me reste à parler d'un dernier fait que je n'ai pas cru devoir comprendre dans mon rapport pour plusieurs motifs : d'abord, je n'avais pas vu la vache pendant le cours de sa maladie, sur laquelle je n'ai pu obtenir que des renseignements trop incomplets pour pouvoir me fixer sur la nature du mal ; en second lieu, les lésions observées différaient beaucoup de celles que j'avais trouvées jusque là , et me paraissaient se rapporter à une affection charbonneuse; enfin, les vaches, en assez grand nombre, avec lesquelles cette bête a cohabité pendant deux jours ont été vendues sur le marché de Douai et disséminées dans les villages environnants, sans qu'il en soit résulté de conséquences fâcheuses.

J'ai consulté sur ce cas plusieurs de nos confrères; quelques-uns m'ont dit y reconnaître une des formes du typhus; c'est pourquoi, malgré les doutes qui me restent, je me décide à le soumettre, avec les autres faits, à votre appréciation.

Le 8 octobre au matin, M. Chevalier, Augustin, marchand de vaches à Lambres, vient me demander d'aller chez lui faire l'autopsie d'une vache morte la veille à cinq heures du soir, et qu'il soupçonne avoir été frappée de l'épizootie.

Il me dit que cette vache a été achetée par un de ses fils, sur le marché de Béthune du 2 octobre, du sieur Delbeuf, marchand de vaches à Sailly. Elle est revenue par le chemin de fer avec 12 autres bêtes, avec lesquelles elle est restée dans une pâture, pendant toute la journée du 3. — Ces douze bêtes ont été revendues sur le marché de Douai le 4 octobre

On a cru remarquer, dès le 3, que la vache ne mangeait qu'avec difficulté, qu'elle tenait la tête basse, et qu'elle avait le gosier engorgé.

Le 4, elle a cessé complètement de manger; la tuméfaction de la gorge augmentait.

Le 6 et le 7, la bête s'est tenue presque constamment couchée; sa respiration était gênée, plaintive, ses naseaux laissaient écouler des matières abondantes et de très mauvaise odeur.

Le 7, à 5 heures du soir, Mᵐᵉ Chevalier, voyant sa vache sur le point d'étouffer, lui fait couper le cou; il s'écoule de la plaie, en même temps que le sang, un liquide blanchâtre. On va chercher à Douai un garçon boucher, qui commence à enlever le cuir, mais qui, en voyant la gravité des désordres qu'il met à nu, refuse de terminer cette opération. Ce n'est qu'alors que Chevalier effrayé vient réclamer mon intervention.

A mon arrivée, à sept heures du matin, je trouve la vache pendue sous une remise, à demi-dépouillée et ouverte; tous les viscères ont été extraits du corps. Je suis tout d'abord frappé de la coloration verte que présente le tissu cellulaire sur la gorge, sur tout le côté droit de l'encolure, et sur tout le membre antérieur droit, à partir de la pointe de l'épaule. Sur toutes ces parties, dont on m'affirme que l'aspect n'a pas changé depuis la veille, le tissu cellulaire porte les traces d'une infiltration séreuse, et ses mailles paraissent avoir été distendues par des gaz.

Avant de continuer l'autopsie, je juge prudent de faire transporter tous les restes de la vache dans un champ éloigné du village, où je lui fais préparer une fosse.

La région de l'auge , sur laquelle mon attention se trouve d'abord portée , présente un en-
gorgement très considérable. Cette tumeur
ouverte se trouve formée par les ganglions lym-
phatiques, qui sont tuméfiés, indurés, et autour
desquels, dans le tissu cellulaire détruit , décollé , gangréné , s'est formé un vaste foyer à
compartiments multiples , qui contenait le liquide blanchâtre dont madame Chevalier m'a-
vait signalé l'écoulement au moment de la mort.

Le larynx participe à l'état d'infiltration des
parties qui l'entourent ; sa muqueuse porte des
traces d'inflammation qui se continuent sur celle
de la trachée-artère.

L'œsophage est sain. — Le troisième estomac est distendu par des aliments desséchés en
forme de tourteaux ; ses lames sont en partie
dépouillées de leur épithélium, et présentent de
nombreuses taches ecchymotiques.

La muqueuse de la caillette offre sur tous ses
points une teinte rouge-acajou, plus foncée sur
les replis de cette membrane.

L'intestin grêle, dans sa première moitié, est
flasque, verdâtre extérieurement, et contient des
matières liquides, noires ; sa muqueuse présente
une teinte noirâtre qui paraît due à une coloration de ses villosités ; j'y remarque quelques taches rouges disséminées. La seconde moitié de
l'intestin grêle est au contraire contractée ; elle

présente à l'extérieur de nombreuses tâches rougeâtres ; l'intérieur ne contient qu'une petite quantité de matières de consistance crémeuse, appliquées sous forme d'enduit à la surface de la muqueuse, et ne laissant à découvert que le sommet des plis assez nombreux que forme cette membrane ; en enlevant par un lavage la couche de matières qui recouvre la muqueuse, je constate que la coloration générale de cette membrane ne diffère de l'état normal que sur le sommet des plis dont je viens de parler, plis formant, par leur disposition, une sorte de réseau irrégulier, et présentant une teinte acajou bien prononcée. Je ne trouve du reste ni plaques gaufrées ni ulcérations.

La muqueuse des gros intestins présente, sur toute sa longueur, le même réseau et le même enduit que je viens de décrire dans l'intestin grêle. Je trouve, sur quelques points, des granulations sous-épithéliales, saillantes, de la grosseur d'un grain de millet, et qui, écrasées entre les doigts, me paraissent de nature calcaire.

Le rectum est infiltré.

Le foie, la rate, les reins, présentent leur aspect normal, tant à l'extérieur que dans leur coupe.

Le poumon, sain du reste, est seulement un peu emphysémateux.

Le cœur présente de larges ecchymoses dans ses ventricules.

Ayant rapporté à Douai les pièces qui portaient les lésions les plus caractérisées, je les ai fait voir à M. Mitaut, qui s'est accordé avec moi pour reconnaître la nature au moins charbonneuse de la maladie. Je crois devoir noter ici que les affections charbonneuses sont excessivement rares, sinon tout-à-fait inconnues, dans notre région; je n'ai eu jusqu'ici, depuis 23 ans, occasion d'en rencontrer aucun exemple sur nos espèces domestiques.

Vous remarquerez, Messieurs, que je n'ai fait aucune mention des mesures de police sanitaire appliquées à chacun des cas dont je viens de vous tracer l'histoire. Je crois pouvoir me borner à vous dire que j'ai fait appliquer aussi scrupuleusement que possible les instructions ministérielles.

II.

Comment M. Lenglen a-t-il été amené à intervenir dans cette affaire? c'est ce que je vais chercher à expliquer.

Le 20 septembre, au moment où je quittais le marché aux bestiaux, après y avoir fait arrêter les vaches de Dussart et de Fournier, je rencontrai M. Deligny, cultivateur à Gavrelle, qui, comme bien d'autres déjà l'avaient fait avant lui, me demanda des détails sur l'événement du jour. Je pensai faire acte de bonne confraternité en chargeant M. Deligny, qui devait aller à Arras le lendemain, de prévenir M. Lenglen, afin de le mettre sur ses gardes, de ce fait constaté par moi, que toutes les bêtes trouvées jusqu'alors atteintes ou suspectes du typhus provenaient du marché d'Arras. Comment cet avis amical a-t-il pu être transformé, par notre trop susceptible confrère, en une attaque personnelle? Vous apprécierez, Messieurs, si rien pouvait l'autoriser à considérer ma démarche comme une critique de son service d'inspection du marché d'Arras, et s'il pouvait me venir à l'esprit de le rendre responsable du passage sur ce marché d'une ou même de plusieurs vaches portant le typhus à l'état d'incubation.

Averti par M. Deligny le 21 septembre , M.
Lenglen accourt à Douai le 22 , jour de franc-
marché, y trouve quelques marchands de vaches, et, entr'autres, Jalin, qu'il interroge , et
qui lui affirment que la vache de Gœulzin avait
la cocotte, que celle de Férin avait le coup de
poumon, que celle du marché du 20 n'avait
rien; recueille quelques-uns des quolibets que
ne m'épargnent pas les gens dont j'ai eu le
malheur de déranger les spéculations, et rencontre enfin M. Houviez , auquel il arrache
l'expression peu précise d'un demi-doute sur
la valeur du fait dont il a été témoin.

Après cette fructueuse enquête, M. Lenglen
vient me provoquer, en présence de plusieurs
cultivateurs et de notre confrère M. Dewauvrain,
à une discussion dans laquelle il cherche à me
prouver, en s'appuyant sur l'autorité des personnes dont il a recueilli le témoignage, que ce que
nous avons pris pour le typhus, à Férin, n'était
que de la pleuro-pneumonie ; il va même jusqu'à m'affirmer, M. Dewauvrain se le rappellera,
que les ulcérations signalées par nous dans la
caillette et dans l'intestin grêle ont été trouvées
fréquemment par lui, à l'abattoir d'Arras, sur des
animaux atteints du coup de poumon.

De retour à Arras, M. Lenglen s'empresse de
jeter sur le papier ses impressions de voyage ,
en donne lecture dans une réunion de la Société

centrale d'agriculture du Pas-de-Calais , et les
fait insérer, le 26 septembre, dans le *Courrier
du Pas-de-Calais* d'où je les extrais textuellement :

* *

*Le Typhus contagieux des bêtes à cornes existe-t-il
dans l'arrondissement d'Arras ?*

« Depuis quelques jours, des bruits alarmants
ont été répandus sur l'état sanitaire des animaux
de l'espèce bovine des environs d'Arras , et sur
celui du bétail qui approvisionne notre marché
de chaque samedi. Il est de notre devoir d'en
dire quelques mots, et d'apprécier à leur véritable valeur les quelques faits qui se sont passés
dans les environs de Douai où ces bruits ont pris
naissance, d'où ils se sont répandus, avec la rapidité de l'éclair , dans toutes les directions , à
tel point que vendredi dernier , au marché aux
chevaux de cette ville , et samedi , à notre marché aux bestiaux d'Arras , on ne s'abordait que
pour causer du *typhus contagieux*, et se demander si , dans une pareille situation , les transactions sur le gros bétail ne devaient pas être arrêtées, si les marchés ne devaient pas être interdits
d'office.

» Nous déclarons à l'avance que nous sommes
loin de prétendre qu'on n'ait observé jusqu'aujourd'hui aucun cas de typhus en France ; notre

correspondance nous autorise au contraire à croire que dans les environs de Roubaix, à Wattrelos , plusieurs animaux sont morts de cette maladie , ou ont été abattus alors qu'ils étaient soupçonnés d'en être affectés. Mais en est-il de même des cas observés à Férin , à Gœulzin et à Douai? Nous avons voulu en avoir le cœur net, et dans ce but nous avons eu un long entretien avec nos collègues de Douai qui, par leur position, étaient à même de nous donner tous les renseignements dont nous pouvions avoir besoin.

» Voici comment les faits se sont passés : une vache a été abattue à Gœulzin, le 16 septembre; une autre à Férin , le 18 ; enfin , une troisième arrêtée sur le marché de Douai , le 20 septembre, a été abattue le même jour. Ces trois vaches avaient été récemment introduites dans l'arrondissement, et provenaient, dit-on, du marché d'Arras. Nous ajouterons que l'on a affirmé avoir observé sur ces trois animaux, les caractères nécroscopiques de la maladie régnante , c'est-à-dire du typhus contagieux du gros bétail. Tout cela est on ne peut plus affirmatif. Une bonne description des symptômes et des lésions observées aurait cependant beaucoup mieux fait notre affaire. Quoiqu'il en soit, discutons ces faits, et voyons s'ils sont de nature à inquiéter les propriétaires de bestiaux, et même les populations, d'une façon aussi sérieuse , et s'ils ont une va-

leur probative assez grande pour arrêter toutes
les transactions, s'ils sont de nature à justifier
les alarmes semées parmi les nourrisseurs et à
justifier surtout le discrédit que nous avons entendu jeter sur le marché d'Arras, par quelques
personnes dont nous ne voulons pas scruter les
intentions, mais dont nous nous faisons un devoir de combattre les dires, en rétablissant les
faits et en soumettant à une critique sévère les
arguments sur lesquels ils se basaient pour
étayer leur opinion.

» Et d'abord, dans l'impossibilité où nous
nous trouvons de discuter sur les lésions observées, — que l'on n'a pas décrites cependant, —
nous dirons que nous aussi, et il y a de cela près
d'un mois, alors que de toutes parts nous étions
informés que le typhus régnait en Angleterre et
en Hollande, nous avons cru plusieurs fois avoir
affaire au typhus sur les vaches malades qui
étaient soumises à nos soins. Toutes les maladies que nous observions sur les vaches nous
présentaient un ensemble de symptômes dont
nous ne pouvions guère nous rendre un compte
exact, mais qui leur donnaient un air de famille
et des caractères tels, que, dans bien des circonstances, nous étions assez embarrassés pour
répondre aux nombreuses questions qui nous
étaient posées relativement à l'issue de la maladie. Cet état maladif, nous l'observons encore

aujourd'hui, et les vétérinaires à qui nous avons communiqué cette particularité nous ont déclaré avoir fait la même remarque.

» En effet, il y a dans ce moment beaucoup d'animaux dont l'état maladif est caractérisé par des frissons assez fréquents, par une rougeur et une infiltration de toutes les muqueuses apparentes (nez , vagin, yeux, bouche) par une grande prostration des forces et une expression particulière du regard qui donne à l'animal un air sombre, enfin par un état purulent des humeurs secrétées par les paupières. Ces symptômes du début de presque toutes les maladies qui affectent actuellement les vaches , — du moins dans nos environs, — nous ont paru tellement insolites , que nous étions sur le point , dans plusieurs circonstances , de faire abattre des animaux nouvellement achetés et chez lesquels nous observions un état maladif semblable; rien cependant dans l'état général de ces animaux ne nous autorisait à prendre une pareille détermination, et nous étions agréablement surpris, après quelques jours d'un traitement approprié à la circonstance , de trouver nos malades parfaitement rétablis. Nous avons un jour rencontré dans les étables de l'abattoir une vache présentant de pareils symptômes; nous avons assisté à l'abattage et au dépouillement de cette vache dans le but de nous en rendre compte et

nous avons trouvé que tous ces symptômes
étaient simplement dus à une irritation des muqueuses respiratoires et surtout digestives, sans
gravité et qui cédait si facilement au traitement
à l'aide duquel nous le combattions. Depuis cette
époque, nous avons observé nombre de fois de
pareils faits , sans cependant que nous ayons
constaté le moindre cas de typhus. Les vaches
qui habitaient avec celles malades ne se ressen-
taient nullement d'un pareil voisinage et *jamais
nous n'avons constaté un seul cas de contagion*.
Or, et nous le déclarons hautement avec tous les
auteurs qui ont étudié le typhus contagieux du
gros bétail, le caractère principal de cette maladie , la condition *sine quá non*, pour que, dans
les circonstances actuelles, on soit autorisé à
conclure à l'existence du typhus dans nos contrées, c'est la contagion. En dehors de là , pas
de typhus. Non pas que l'on doive attendre que
de pareils faits se produisent pour se mettre en
garde. Nous n'allons pas aussi loin; mais voici ce
que nous voudrions qu'on fît. Sitôt qu'un animal est supposé atteint du typhus, qu'il présente
même quelques symptômes permettant de douter seulement de son existence , avant de jeter
l'alarme, on doit le faire séquestrer dans un endroit isolé et éloigné autant que possible de toute
habitation, lui faire un abri au milieu des champs,
par exemple, et dans un endroit non fréquenté

par d'autres animaux, le mettre en observation, et lui donner pour compagnons d'infortune un ou deux animaux de mince valeur, des veaux, par exemple, et attendre pour se prononcer. De cette façon si rien ne se déclare, tout le monde est rassuré; si, au contraire, la maladie se dessine davantage, si surtout après quatre, huit, quinze jours de contact, la même maladie se déclare sur les animaux qui ont habité avec le premier malade, oh! alors il est temps de prendre des mesures graves et d'alarmer les populations.

» En même temps qu'on se livrerait à une pareille expérimentation, rien n'empêcherait de faire exécuter les réglements sanitaires relativement aux animaux de l'étable d'où on aurait retiré *l'animal soupçonné*, c'est-à-dire la déclaration, la *séquestration*, etc...

» En tout, il faut être conséquent avec soi-même. Qu'est-ce que le typhus? Une affection contagieuse au plus haut degré, mais *qui ne peut se développer spontanément sur les animaux de notre pays où elle est toujours apportée par contagion*. Or, et j'en reviens aux faits de Douai et des environs de cette ville, le typhus y a été constaté sur trois vaches achetées au marché d'Arras du deux septembre, nous a-t-on dit, et a-t-on ajouté, munies de fers aux pieds. Toutes les vaches ferrées qui sont amenées au marché d'Arras viennent des environs de Saint-Pol, de

Doullens, où aucun cas de typhus n'a encore été constaté, où il est prodigieusement rare qu'on importe des animaux venant de l'Angleterre , de la Hollande ou de la Belgique, elles viennent d'un pays où l'élevage des bêtes bovines est une des industries les plus lucratives et les plus suivies, où enfin, on ne fait que vendre des vaches qu'on y a élevées et qui sont pour ces contrées, sinon une source de profits, du moins un moyen de tirer un parti assez avantageux des produits de la terre. S'il en est ainsi, et il ne viendra à l'esprit de personne de le nier , où donc ces malheureuses bêtes auraient-elles contracté le typhus? Le marché d'Arras n'est-il pas en quelque sorte le fournisseur du marché de Douai ? N'est-ce pas chez nous que l'on vient acheter bon nombre des vaches qui peuplent le marché de Douai et une partie des étables des engraisseurs et des cultivateurs de cet arrondissement?

» Et puis, où sont donc les preuves que l'on a véritablement eu affaire au typhus? Etes-vous *tous convaincus* , vous qui assistiez à l'autopsie des bêtes abattues, que les lésions que vous avez rencontrées, suffisaient pour déclarer, pour dire avec certitude : « ce sont des cas de typhus? »

» Ces animaux qui ont cohabité avec ceux que vous avez fait abattre sont-ils en plus mauvais état aujourd'hui que lors de l'exécution de ceux-ci? D'ailleurs , la viande de la vache que vous avez fait abattre à Douai, n'a-t-elle pas été livrée à la consommation? Enfin, a-t-on observé dans les environs d'Arras des cas de typhus? A-t-on amené aux marchés de cette ville des animaux qui présentaient les symptômes de cette maladie? Non. Les vaches que vous avez fait abattre venaient des environs de Doullens, et soyez persuadés que là aussi il y a une administration qui veille, des vétérinaires instruits et consciencieux qui sauraient bien faire leur devoir si jamais le typhus se déclarait sur les animaux de ce pays. Il n'y a pas là de foyer d'infection , tout nous autorise à l'affirmer , et les correspondances de nos confrères , et l'état sanitaire du bétail des environs d'Arras qui cependant se recrute presque exclusivement au marché de notre ville.

» Il faut donc , si véritablement les cas de Douai et des environs de cette ville sont des cas de typhus , que les animaux qui en ont été victimes aient cohabité avec d'autres venant d'une étable infectée, et cela, depuis le moment où ils ont été achetés à Arras jusqu'au moment où ils ont été abattus.

» Les nombreuses observations de mon savant et regretté maître M. Renault , ancien inspecteur-général des écoles vétérinaires, suffisent pour mettre ce fait hors de doute et me rassurent pleinement à cet égard.

» Ma conclusion est donc celle-ci : l'état sanitaire du bétail qui est amené le samedi de chaque semaine au marché d'Arras, ou qui peuple les étables des environs de cette ville, ne laisse rien à désirer jusqu'aujourd'hui, et les cultivateurs, les engraisseurs, les marchands qui viennent s'approvisionner sur notre marché peuvent continuer à le faire jusqu'à ce que de nouvelles observations viennent donner un caractère d'authenticité et de certitude qui, jusqu'à présent, me paraît manquer totalement, aux bruits circulant dans nos contrées.

» Nous devions ces quelques lignes aux lecteurs de ce journal et aux nombreux cultivateurs qui nous font l'honneur de nous consulter relativement à la marche du typhus. »

L'inspecteur des marchés,

CH. LENGLEN,

Médecin-vétérinaire.

*
**

Il est bon de noter que le jour même où M. Lenglen m'attaquait ainsi, dans son journal, je recevais de lui une lettre tout amicale dans laquelle il se gardait bien de me parler de cette publication. J'en eus connaissance seulement le 29 par une lettre d'un de mes amis, qui m'engageait à me défendre, et je ne pus en prendre lecture que le 30, jour où le journal me fut expédié sur une demande directe adressée par moi à son rédacteur.

Quelques confrères me conseillaient de laisser sans réponse ce qu'ils étaient enclins à ne considérer que comme une boutade sans portée sérieuse, produit d'un esprit *grincheux*. Vous connaissez, me disaient-ils, le caractère et les habitudes de notre collègue d'Arras : vous savez, pour l'avoir vu à l'œuvre dans mainte circonstance, avec quelle ardeur il recherche la controverse; avec quel plaisir il adopte, dans le seul désir de se singulariser, et sur n'importe quelle question, une opinion contraire à celle de tout le monde ; avec quelle ténacité il s'acharne à défendre ses idées du jour, qui peuvent bien, il faut le dire, ne pas être toujours en conformité parfaite avec celles du lendemain.

J'eus le tort de ne pas suivre ce conseil dont la suite devait me faire reconnaître la sagesse, et j'adressai à M. le rédacteur du *Courrier du*

Pas-de-Calais la lettre suivante qu'il fit paraître après en avoir retranché les deux premiers paragraphes, dans son numéro du 5 octobre :

Monsieur le Rédacteur,

Je vous remercie de l'obligeant empressement avec lequel vous avez bien voulu, sur ma demande, me communiquer l'article publié par M. Lenglen, relativement au typhus de l'espèce bovine, dans votre n° du 26 septembre.

Bien que mon nom ne figure pas dans ce travail, vous voudrez bien me permettre de considérer comme étant à mon adresse les *critiques sévères*, les allégations hasardées et les insinuations fort peu bienveillantes qui émaillent ce trop long réquisitoire, et j'espère que vous ferez accueil à ma réponse, qui sera du reste aussi brève que possible.

M. Lenglen nie que les vaches abattues à Gœulzin, à Férin et à Douai aient été réellement atteintes du typhus contagieux. A la négation de mon honorable confrère, je pourrais, à la rigueur, me borner à répondre par ma seule affirmation ; j'ai bien le droit d'estimer que, sur cette question, ma compétence n'est pas inférieure à la sienne, et j'ai sur lui l'incontestable avantage d'avoir *vu*. Mais je n'ai pas été seul à voir, et je m'en estime fort heureux : M. Pommeret, médecin vétérinaire à Lille, a bien voulu examiner avec moi les vaches de Férin et de

Douai, et c'est sur son avis qu'elles ont été abattues comme atteintes du typhus. Je pourrais au besoin invoquer, sur ces faits, le témoignage de deux autres de mes collègues.

M. Pommeret n'est venu à Douai qu'après avoir étudié, en compagnie de M. Lecoq, inspecteur-général des écoles vét'rinaires, et de MM. Chieus, Ansar et G. Pommeret, vétérinaires, les douze cas de Wattrelos, et après m'avoir fourni l'occasion de faire avec lui l'autopsie d'une vache morte du typhus, le 17 septembre, à Pont-à-Marcq. Or, quand notre honorable collègue de Lille vient affirmer l'identité de tous ces cas *avérés* de typhus avec ceux de Gœulzin, de Férin et de Douai, M. Lenglen peut-il être admis à contester ces derniers cas, sans nier en même temps que le typhus ait existé à Wattrelos, à Pont-à-Marcq, et même en Belgique et en Hollande, où M. Lecoq vient d'aller l'observer pendant un mois ? Je ne pense pas que M. Lenglen soit décidé à pousser jusque là son scepticisme ; passons donc.

M. Lenglen exprime le regret, et il y revient par deux fois, qu'une description détaillée des symptômes et des lésions observés sur nos trois vaches n'ait pas été rédigée. — Je puis, sur ce point, le rassurer complètement : La description qu'il réclame est comprise, aussi détaillée que possible, dans un rapport adressé par moi à M. le Préfet du Nord.

Pour ce qui est de la maladie observée par mon honorable confrère aux environs d'Arras, et à laquelle il ne paraît pas éloigné de penser que nous aurions eu affaire, je me bornerai à faire observer que, d'après la description qu'il en donne, cette maladie présente, à la gravité près, tous les caractères assignés au typhus à son début, et qu'elle semble s'être déclarée tout à point pour fournir un argument à mon contradicteur; comme je n'ai pas encore eu occasion de la rencontrer, plus confiant que mon trop soupçonneux confrère, je m'empresse d'en admettre l'existence sur sa parole.

M. Lenglen me reproche, et je crois bien que c'est là à ses yeux mon plus gros péché, d'avoir énoncé ce fait, que toutes les vaches trouvées malades ou suspectes du typhus dans les environs de Douai avaient été *récemment* achetées au marché d'Arras. Rien n'est cependant plus vrai, et j'en tiens la preuve à la disposition de mon confrère. J'ajoute que toutes ces vaches, y compris celle de Pont-à-Marcq, étaient de race artésienne, et qu'elles portaient aux pieds des fers indiquant une provenance lointaine. Reste une question, sur laquelle je déclare ne posséder aucun renseignement : Ces bêtes provenaient-elles, comme le dit M. Lenglen, des environs de Doullens, où le typhus ne paraît pas exister ? Ne serait-on pas tout aussi fondé à croire qu'elles venaient des environs de St-Omer, où, depuis trois semaines, l'épizootie a fait un certain nombre de victimes ? Ce point-là vaudrait peut-être la peine d'être éclairci.

M. Lenglen aurait désiré que les vaches malades observées par moi fussent gardées et mises en traitement jusqu'à ce que la véritable nature du mal pût être dénoncée par sa propriété contagieuse. Cette expérience n'était malheureusement pas possible, parce qu'elle était contraire aux vues de l'administration, qui ne s'est pas bornée à faire tuer les bestiaux malades, mais qui depuis a ordonné l'abattage de tous les animaux ayant eu avec eux le moindre contact, et dont nous nous étions contentés de prescrire la séquestration. Je m'empresse d'ajouter que j'approuve fort la décision prise dans cette circonstance par M. le Préfet du Nord ; les mesures et les précautions les plus rigoureuses, et je n'en excepte pas l'interdiction temporaire des marchés, peuvent seuls, à mon avis, éloigner de nous le fléau qui nous menace, et dont ne sauraient nous préserver le demi-mesures et les atermoiements dont M. Lenglen se déclare le si zélé partisan.

E. Delplanque,
Vétérinaire, inspecteur des marchés
aux bestiaux de Douai.

Douai, le 1ᵉʳ octobre 1865.

*
**

Le lendemain, 4 octobre, le *Courrier du Pas-de-Calais* insérait cette nouvelle lettre de M. Lenglen :

Encore le Typhus.

Monsieur le Rédacteur,

Je me hâte de répondre à la lettre que vous a adressée mon distingué confrère de Douai, M. Delplanque, en suite d'un article inséré dans le numéro du 26 septembre de votre estimable journal, article relatif à la question de savoir si le typhus existe dans l'arrondissement d'Arras

Vous voudrez bien vous rappeler, M. le rédacteur, dans quelles circonstances j'ai traité cette question. C'était le lendemain du marché d'Arras, et quelques jours après celui de Douai, où trois vaches suspectes avaient été *solennellement* arrêtées, mises en observation, pour être ensuite abattues et *livrées à la consommation.* Vous vous rappelez aussi, que nous appuyant sur les données de la science, et notamment sur les nombreuses et savantes observations du précédent inspecteur-général des écoles vétérinaires, du « savant et regretté M. Renault, (1) » nous

(1) Rapport à l'Empereur, le 5 septembre, par M. Béhic, ministre de l'agriculture.

étions arrivé à cette conclusion que le typhus contagieux des bêtes à cornes n'existait pas alors, pas plus qu'il n'existe aujourd'hui, dans l'arrondissement d'Arras. Les faits nous ont donné raison ; cette maladie n'a pas encore été observée dans nos contrées, et nous pouvons, dès maintenant, espérer que nous en serons exempts. Nous constatons de suite ce fait, car il a une certaine valeur en présence des nouvelles affirmations de notre honoré collègue de Douai. Bien qu'à la rigueur notre réponse à sa lettre se trouve contenue dans l'article du 26 septembre, nous croyons cependant devoir à nos lecteurs quelques nouvelles explications rendues nécessaires par la juste autorité qui s'attache au nom de M. Delplanque.

Aussi bien, les nouveaux détails que nous allons donner ne seront peut-être pas inutiles, car ils contribueront à rassurer nos cultivateurs, à calmer les alarmes de nos engraisseurs qui abandonnent aujourd'hui la fabrication du rosbif pour se livrer à celle du gigot. D'ailleurs y a-t-il aujourd'hui une question plus palpitante d'intérêt que celle du typhus ? C'est de son apparition ou de sa non-apparition que dépend, pendant au moins quelques années, le bien-être de toutes nos populations. A l'existence du typhus sont liés très-intimement le prix de la viande et du pain, la fécondité de la terre, la richesse et la prospérité de l'agriculture. Un très-grand intérêt s'attache donc à tout ce qui touche à l'invasion de cette maladie , et je vous sais un gré infini de vouloir bien de nouveau m'offrir les colonnes de votre journal pour essayer de persuader M. Delplanque que « si véritablement les cas de Douai et des environs sont des cas de typhus , il faut que les animaux qui en ont été victimes aient cohabité avec d'autres venant d'une étable infectée, et cela depuis le moment où ils ont été achetés à Arras, jusqu'au moment où ils ont été abattus. »

Eh bien , et c'est à M. Delplanque que je m'adresse maintenant, c'est avec mon excellent collègue que je vais discuter : où sont donc les preuves que les animaux que vous avez fait abattre à Férin, à Gœulzin et à Douai, aient véritablement été affectés du typhus? Vous me déclarez avoir vu, et vous vous estimez fort heureux d'avoir eu pour coopérateur M. Pommeret, de Lille, qui a étudié douze cas de typhus à Wattrelos et fait avec vous l'autopsie d'une vache morte du typhus à Pont-à-Marcq. Qu'est-ce à dire que tout cela? Suis-je donc obligé d'accepter comme article de foi tout ce que vous affirmez, vous et M. Pommeret, si d'ailleurs je suis convaincu que vous vous trompez. Ce serait là, vous l'avouerez, un rôle qui ne saurait convenir à la dignité de notre profession. Partant , ne puis-je pas discuter vos assertions? Et puis, vos conclusions sont-elles assises sur une base

assez solide, je dirai, sur une considération assez positive, pour que, malgré l'assez forte dose
de foi dont je suis doué, j'admette purement et
simplement que les faits que vous avancez sont
certains, pour que je ne descende pas assez au fond
de ma conscience, pour y chercher des motifs
fondés de croire ou de ne pas croire? Et parce
que j'ai cru devoir en agir ainsi, je serai taxé
de scepticisme!!! Mais suffit-il donc d'avoir vu
passer sous ses yeux un très grand nombre de
faits, pour en interpréter la signification, et
pour saisir les lois qui les régissent? Mais quel
enseignement y a-t-il donc pour celui qui est
témoin de faits nombreux, sans se préoccuper
de rechercher la détermination exacte de la relation permanente qui existe entre une cause et
un effet! Il est manifeste que le résultat en sera
nul pour lui, qu'il n'aura rien appris, qu'il n'aura
rien oublié, qu'il ne pourra par conséquent rien
apprendre aux autres.

Voyons donc comment vous avez agi. S'il est
un fait notoire, certain, indubitable, démontré
« avec une sûreté de vue et une abondance de
preuves qui ne peuvent plus laisser de doute sur
ce point, » (1) c'est que le typhus contagieux
des bêtes à cornes est « pour l'Europe occidentale une maladie *exotique*; jamais il ne peut s'y

(1) Rapport à l'Empereur, du 5 septembre, par M. Béhic.

développer sous l'influence de causes générales et communes, auxquelles on l'avait à tort attribué, lorsque son histoire était moins connue. »

S'il en est ainsi, mon cher confrère, que vaut donc votre affirmation, même appuyée de celle de M. Pommeret? Ajoutez-y, si vous voulez, les témoignages de M. Lecocq, inspecteur général des écoles vétérinaires, de MM. Chieus, Ansar et G. Pommeret, qui, comme moi, n'ont rien vu des cas de Gœulzin, Férin et Douai. Joignez-y le témoignage de deux autres collègues de Douai; cela prouvera tout bonnement que vous avez besoin de vous appuyer sur des autorités, pour donner à vos déductions une valeur qu'à mes yeux elles n'ont pas. En effet, les vaches ont été achetées au marché d'Arras du 2 septembre. Elles sont ferrées, elles viennent par conséquent des environs de Saint-Pol ou de Doullens, où rien, absolument rien n'a été constaté. Elles sont de race artésienne et peuvent provenir, dites-vous, « des environs de St-Omer où depuis trois semaines l'épizootie a fait un certain nombre de victimes. Ce point là vaudrait peut-être la peine d'être éclairci. » A qui incombe donc ce devoir, mon cher confrère?... D'ailleurs, j'ai peine à croire à mon tour que vos démarches pour arriver à constater ce fait soient couronnées d'un plein succès, car vous n'ignorez pas que dans les environs de St-Omer, ce n'est pas la race artésienne qui domine, mais la belle et bonne vache flamande qui y est élevée et entretenue; on ne s'amuse pas, dans ce riche arrondissement, à importer notre sous-race artésienne dont on ne saurait que faire.

Les vaches que vous avez fait abattre viennent donc des environs de Doullens et de Saint-Pol; d'ailleurs, et je le répète, elles étaient ferrées, et toutes les vaches ferrées qui viennent au marché d'Arras ont une origine commune ; Doullens et Saint-Pol. J'en ai dit assez, je crois, sur ce point pour n'avoir plus besoin d'y revenir.

D'ailleurs, où donc, sinon à Eperlecques, le typhus existe-il dans les environs de St-Omer ? Et croyez-vous que notre distingué collègue de Saint-Omer, M. Leroy, chargé du service des épizooties pour cet arrondissement, n'a pas éclairé l'administration sur la nature de la maladie et que des mesures sanitaires n'ont pas été prises en vue d'en éviter la propagation ? Rassurez-vous, mon cher confrère, nous avons vu l'arrêté pris par M. le maire de la commune d'Eperlecques et soyez persuadé que rien n'a été négligé : abattage des animaux malades ; séquestration des animaux suspects; dénombrement, etc., tout y est. Ces sages mesures sont mises en pratique depuis quelque temps déjà, et ce n'est pas demain qu'il sortira une vache d'Eperlecques. Ayez donc pleine confiance de ce côté. Du reste si je ne craignais d'empiéter sur les droits de notre confrère de Saint-Omer, M. Leroy, je vous ferais l'histoire de l'épizootie de cette commune, et vous verriez là de *véritables cas de typhus dus à l'importation d'animaux venant de l'Angleterre et arrivés à Eperlecques le 26 août dernier*. Vous verriez la marche qu'à suivie la maladie, et vous la compareriez avec les prétendus cas de typhus des environs de Douai.

A Eperlecques, pas plus qu'en Angleterre, pas plus qu'ailleurs, excepté dans les steppes de la Russie méridionale, le typhus ne s'est développé spontanément.

D'ailleurs si véritablement vous avez observé le typhus à Douai, à Férin et à Gœulzin, d'où vient donc que nous ne l'avons pas encore à Arras ou dans les environs; d'où vient que toutes les vaches qui ont cohabité pendant le trajet de Doullens et de Saint-Pol à Arras, voire de Saint-Omer à Arras, ensuite de cette ville à Douai, et enfin sur le marché de Douai, d'où vient donc que ces vaches n'ont pas encore le typhus ? Voici cependant un mois passé qu'elles ont dû subir les atteintes de la contagion. En vérité vos prétentions sont de nature à renverser les connaissances les mieux acquises, les plus solidement assises, relativement à l'histoire et à la marche du typhus contagieux des bêtes à cornes.

Je conclus donc : oui, mon cher confrère, permettez-moi de dire encore mon excellent ami, — car je crois que notre discussion n'altérera en rien nos anciennes relations. — Je doute que vous ayez eu affaire au typhus. Pour conclure positivement à l'existence de cette maladie, il vous eût fallu employer le moyen que j'indiquais dans mon article du 26 septembre c'est-à-dire mettre en observation vos animaux suspects, les traiter même, dans tous les cas suivre la marche de la maladie, expérimenter sur des animaux de mince valeur et conclure ensuite. De cette façon, vous n'auriez pas alarmé les populations avant d'être certain, et positivement certain, que vous aviez vraiment le typhus à combattre.

Admettons maintenant que les cas de Douai, de Férin et de Gœulzin sont des cas de typhus. Ne serait-il pas étrange que rien encore n'ait été observé dans ces communes, malgré toutes les précautions qu'on a dû prendre pour en limiter l'extension ?

Est-ce là la marche habituelle de cette épizootie ? Les animaux avec lesquels ils ont mangé, passé au moins la période d'incubation de la maladie et sans doute aussi les quelques moments qui ont précédé l'arrivée du vétérinaire, ont-ils été pour cela reconnus affectés du typhus ? Je prévois votre réponse : « On a fait abattre les

malades aussitôt que le typhus s'est déclaré,
quand les premiers symptômes ont été reconnus. » Quant aux autres, ils ont été sacrifiés
huit à dix jours après, si nous sommes bien informés, et cela dans un seul but de préservation
et alors que l'état maladif que vous avez constaté
chez eux, et qui soit dit en passant n'était pas
sans présenter quelque analogie avec une affection bénigne que j'ai rapidement décrite, que
j'observe fréquemment aujourd'hui, et que M.
le maire d'Eperlecques a constatée aussi dans sa
commune --- cela dit en réponse à votre phrase
où vous voulez bien en admettre l'existence
sur ma parole --- alors dis-je que cet état maladif était guéri ou en voie de guérison.

Et puis, les trois vaches que vous avez fait
arrêter à Douai, ont elles été la cause de la propagation de la maladie dans votre arrondissement ?
Je ne sache pas, jusqu'à présent, qu'il en soit
ainsi. Voilà cependant près de quinze jours que
ces faits se sont passés. Avouez donc, cher collègue, que ce laps de temps suffit amplement
pour juger la question. L'histoire de l'épizootie
actuelle, en Angleterre, en Hollande et à Eperlecques, est là pour démontrer la rapidité avec
laquelle le typhus se développe et vous ne l'ignorez pas, surtout alors que les influences naturelles sont aussi propices à une pareille extension.

Vous le voyez donc bien, mon cher M. Delplanque, j'ai le droit de me demander si vraiment vous avez eu affaire au typhus. Aujourd'hui, comme il y a huit jours, plus même qu'il y a huit jours, car vous n'avez apporté dans le débat aucun argument ; mais bien des affirmations sans preuve, je doute encore et j'espère bien que mes doutes passeront à l'état de conviction, même dans votre esprit.

Pour croire que vous avez observé le typhus à Douai, à Gœulzin et à Férin, il eût fallu s'enquérir de l'origine des vaches, rechercher si elles avaient fréquenté des contrées où le typhus règne ou si elles avaient été exposées à une cause quelconque de contagion ; et s'il n'était pas possible d'avoir ces renseignements, mettre les animaux malades ou suspects en observation dans un endroit isolé, les suivre, et bien s'assurer par l'expérience, 1° que la maladie dont ils étaient affectés est *contagieuse*, 2° que c'est le typhus. Alors, mais seulement alors, il est possible de conclure à l'existence du typhus, de jeter l'alarme et d'arrêter les transactions. Or, toutes ces précautions ont-elles été prises ? On a constaté l'existence d'une maladie qui était ou n'était pas le typhus ; on lui a donné le nom de typhus, et l'on a agi en conséquence. Comme ces vaches venaient du marché d'Arras, on a dit qu'il devait y avoir là ou ailleurs un foyer d'infection, on a pris ses doutes pour des vérités, on s'est habitué à cette affirmation, puis on a conclu qu'il devait y avoir du typhus dans les environs d'Arras, et que les animaux qui sont amenés sur le marché d'Arras viennent d'un pays infecté. Est-ce ainsi que l'on juge de pareilles questions?

Eh bien non, nous le déclarons hautement, le typhus n'est pas à Arras, n'est pas dans l'arrondissement d'Arras; aucun animal affecté ou soupçonné affecté de cette maladie n'a encore été présenté sur notre place, et quoiqu'en dise M. Delplanque, nous persistons dans notre conclusion que : « si les cas de Douai et des environs sont des cas de typhus, — ce dont tous les vétérinaires qui ont assisté à l'autopsie ne sont pas convaincus, — il faut que les animaux qui en ont été victimes aient cohabité avec d'autres venant d'une étable infectée, et cela depuis le moment où ils ont été achetés à Arras, jusqu'au moment où ils ont été abattus. » J'ajoute maintenant qu'il faut d'abord prouver que ce sont des cas de typhus, et vous n'êtes pas en mesure de le faire.

Sur ce, je prie mon estimable ami, M. Delplanque, d'accepter encore une cordiale poignée de main, car je suis de ceux qui pensent que l'on peut ne pas partager la manière de voir d'un confrère sur un cas de science ou de pratique, sans nourrir à son égard d'autres sentiments que ceux de la plus franche amitié.

Daignez, M. le Rédacteur, agréer l'assurance de mes sentiments les plus distingués.

Arras, le 4 octobre 1865.

L'inspecteur des marchés,
Ch. Lenglen,
médecin-vétérinaire.

*
* *

Comme M. Lenglen, je suis d'avis qu'on peut différer d'opinion avec un confrère sur un cas de science ou de pratique, sans nourrir à son égard d'autres sentiments que ceux de la plus franche amitié; mais je pense en même temps qu'il est certaines convenances dont on ne doit jamais s'affranchir, même envers ses amis. Vous jugerez, messieurs, si dans ses deux articles, M. Lenglen n'a manqué à aucune de ces convenances. Pour mon compte, j'ai pensé que je ne pouvais sans manquer à ma dignité, continuer une discussion dans laquelle se trouvaient attaquées, à chaque ligne, non seulement ma capacité professionnelle, ce dont j'aurais pu prendre mon parti, mais encore ma véracité et ma bonne foi, que nul avant M. Leng'en, ne m'avait fait l'injure de mettre en doute.

Décidé, dès ce moment, à ne plus reprendre

cette discussion que devant vous, je laissai passer sans les relever les attaques que depuis lors notre collègue, abusant de la victoire qu'il s'est adjugée, n'a cessé de m'adresser de temps à autre par la voie de son journal.

En annonçant le 5 octobre à M. le rédacteur du *Courrier du Pas-de-Calais* que je renonçais à continuer plus longtemps une discussion qui pouvait se prolonger indéfiniment sans profit pour personne, mais non sans dommage pour la profession, je le priais de vouloir bien se charger d'annoncer à son collaborateur qu'un nouveau cas s'était offert à moi à Lécluse. Nous verrons tout à l'heure quelle a été, sur ce cas, l'opinion de M. Lenglen.

**

Notre honorable président, M. Pommeret, crut devoir reprendre pour son compte la discussion que j'abandonnais. Je saisis avec empressement cette occasion qui se présente de lui témoigner toute ma reconnaissance pour cet acte de bonne confraternité; et pour achever de vous édifier sur les procédés d'argumentation de notre confrère d'Arras, je crois utile de reproduire aussi, quoi que ces deux pièces ne me concernent pas aussi directement, la lettre de M. Pommeret, avec les réflexions que M. le rédac-

teur du *Courrier* a jugé convenable d'y joindre, et la réponse qu'elle lui a attirée de la
part de M. Lenglen.

(*Extrait du* Courrier du Pas-de-Calais
du 13 octobre.)

DU TYPHUS DES BÊTES A CORNES.

M. Pommeret, médecin vétérinaire à Lille,
nous adresse une longue lettre relative aux cas
de typhus des animaux de l'espèce bovine qu'il
dit avoir constatés dans le Nord. Nous ne croyons
pas devoir lui refuser notre publicité, bien qu'elle
ne nous paraisse en rien infirmer les raisonne-
ments de notre estimable collaborateur, M. Lenglen, sur l'importante question de l'existence ou
de la non-existence du typhus dans l'arrondissement d'Arras :

Monsieur le Rédacteur,

Je lis seulement aujourd'hui dans le *Courrier
du Pas-de-Calais*, du 26 septembre dernier, un
article de M. Lenglen, médecin - vétérinaire à
Arras, sur le typhus contagieux de l'espèce bovine, question qui occupe si vivement en ce moment les populations rurales de notre contrée.

L'énoncé du titre que M. Lenglen donne à
son article, fait de suite pressentir son scepticisme concernant le typhus qu'il nie au moins dans
l'arrondissement d'Arras et qu'il n'a pas reconnu
même après les affirmations qui lui ont été dou-

nées, qu'il eût régné à Gœulzin, Férin, et Douai ;
nous sommes même tenté de croire qu'il élève
également des doutes sur les cas constatés à Wattrelos, car notre collègue ne les a pas vus et il
nous paraît être un disciple fervent de Saint -
Thomas.

Nous savions, comme notre confrère l'expose,
que le typhus ne se développe jamais spontanément que dans les steppes de la Hongrie et de la
Russie ; qu'il ne franchit jamais ces lieux d'élection que pour aller étendre au loin sa terrible
contagion et que c'est parce que cette contagion
est souvent d'une rapidité effroyable, que des
mesures empreintes peut-être d'une sévérité rigoureuse pour notre époque, sont appliquées
pour se garantir d'un fléau terrible dans ses conséquences. Mais M. Leuglen, par un sentiment
que nous approuvons et en vue de ne pas ef-
frayer les populations, eût-il cependant préféré
que nous imitassions nos voisins de la Grande-
Bretagne, qui ont méconnu la maladie, qu'ils se
sont amusés à traiter; qui ont laissé détruire leurs
riches et si remarquables animaux en même
temps que par leur incurie , ils ont facilité la
transmission du typhus, en Hollande, en Belgique, où personne ne s'est avisé de contester sa
présence et d'où il nous est arrivé ?

Examinons donc s'il n'est pas plus sage, au
risque de porter un peu de perturbation dans

leurs paisibles habitudes, de prémunir les éle-
veurs, les cultivateurs, les nourrisseurs, les marchands et généralement tous les détenteurs de
bestiaux contre l'invasion d'une maladie fou-
droyante, à contagion rapide, reconnue encore
aujourd'hui sans remède, plutôt que de les rassurer en émettant des doutes si accentués, ten-
dant à faire croire à l'erreur de ceux qui affirment
avoir rencontré cette maladie dans les cas signalés.

La génération vétérinaire actuelle, à part
quelques exceptions bien rares, n'a jamais eu
l'occasion de se trouver en présence du typhus
(M. Lenglen est bien certainement de ce nombre);
nous n'avons donc pu l'étudier *de visu*, et ce
n'est pas par les descriptions plus ou moins exactes et souvent empreintes d'exagération que nous
trouvons dans les différents auteurs, que nous
pouvons prononcer avec certitude que la maladie
qui exerce, depuis quelques mois, de si cruels
ravages dans nos contrées du Nord, est bien
le typhus contagieux de l'espèce bovine.

Or, pour arriver plus sûrement à cette connaissance, le gouvernement français, qui s'est
ému des pertes si grandes signalées en Angleterre, a décidé que MM. Henri Bouley et Raynal,
professeurs à l'école impériale vétérinaire d'Alfort, seraient envoyés, l'un, M. Bouley, en Angleterre, l'autre, M. Raynal, en Allemagne et
en Hongrie, à cette fin de recueillir tous les faits

qu'il pourrait être intéressant de connaître, non seulement sur la nature de l'épizootie, mais plus particulièrement encore, sur les moyens de s'en garantir.

Nous venons de dire que la génération vétérinaire actuelle ne connaissait pas le typhus pour ne l'avoir jamais observé ; conséquemment MM. Bouley et Raynal étaient, avant leur mission, bien évidemment rangés dans cette catégorie. Il a donc fallu remonter plus haut et s'inspirer des précieux documents laissés à la science par notre condisciple et trop regretté ami, M. Renault, qui a fait, des maladies contagieuses virulentes et notamment du typhus qu'il est allé étudier sur les lieux mêmes, là où il prend seulement naissance, l'objet de ses instantes et savantes études. Or, c'est en s'édifiant des caractères si tranchés et surtout des lésions si spécifiques qui se rencontrent dans le vaste appareil digestif des ruminants, que MM. Bouley et Raynal ont pu se prononcer et qu'ils ont déclaré de la manière la plus affirmative, que la maladie qu'ils étaient allés observer était bien évidemment le typhus contagieux.

Ainsi, nous sommes nous conduit avec beaucoup de soins et de réserve à l'égard des faits qui sont parvenus à notre connaissance dans la commune de Wattrelos ; et c'est de l'examen très-attentif des symptômes et surtout des lésions si fortement accusées rencontrées, que nous avons pu, à notre tour, affirmer que la maladie qui avait fait son apparition chez la veuve Liagre et qui y avait été introduite par une bête récemment venue de la Hollande, laquelle avait la première payé son tribut à l'épizootie, était bien réellement le typhus contagieux. En effet, c'est que rien n'a manqué à cette démonstration, car l'expérience demandée par notre collègue d'Arras s'est faite ici naturellement, c'est-à-dire, que les quatre vaches de la petite étable de la dame Liagre ont contracté la maladie et que toutes celles, au nombre de douze, composant l'étable du sieur Castel, dont le verger, dans lequel paissaient ses animaux, n'était séparé de celui de la veuve Liagre que par une haie vive, ont toutes été infectées; plusieurs de celles-ci sont mortes des suites de la maladie, les autres ont été abattues.

L'épizootie à Wattrelos, s'est trouvé concentrée, cernée, dans les deux seules étables très-rapprochées l'une de l'autre et situées en dehors de l'agglomération de la commune. Toutes les autres exploitations ont été préservées, grâce sans doute aux mesures énergiques qui ont été prises et aux recommandations faites aux cultivateurs de ne pas introduire de bêtes nouvelles dans leurs étables puisque partout et invariablement où il nous a été donné de constater le typhus, son apparition a toujours coïncidé avec l'introduction d'animaux nouveaux venus soit de la Hollande à Wattrelos, soit du Pas-de-Calais ou de la Somme, à Pont-à-Marcq, Gœulzin, Ferin, Douai et autres endroits.

Dans ces différentes circonstances, nous nous sommes sérieusement attaché à l'étude des symptômes et surtout à la constatation des lésions sans la présence desquelles il n'y a pas de typhus, et nous ne craignons pas de l'affirmer, les faits parfaitement accusés, que partout nous avons rencontrés, nous ont mis à même d'acquérir une connaissance assez approfondie de l'affection pour que nous puissions désormais nous prononcer avec certitude ; nous ne croyons même pas l'erreur possible.

Dans tous les cas, les faits que je rapporte et qui ont été constatés dans la commune de Wattrelos, ont été soumis à un contrôle sévère et portent en eux un témoignage qu'on ne récusera sans doute pas, puisque les différentes ouvertures ont été faites en présence de M. Lecocq, inspecteur général de l'enseignement vétérinaire de France, envoyé ici en mission pour ce sujet et devant aller ensuite observer le typhus en Belgique et en Hollande ; par MM. Chieus, médecin-vétérinaire à Roubaix ; Ansart, médecin-vétérinaire à Tourcoing ; Pollet, Georges Pommeret et Albert Pommeret, médecins-vétérinaires à Lille.

Nous avions besoin d'entrer dans ces quelques

considérations pour rassurer notre confrère , sinon le convaincre, avant de lui dire que les faits observés à Pont-à-Marcq, Gœulzin, Férin et Douai n'ont point été examinés à la légère ; ils offraient bien évidemment et à ne pas s'y méprendre, les symptômes accusés de la maladie ; sans doute que chez toutes ces bêtes, l'affection non arrivée au même degré d'acuité, offrait des nuances différentes, mais le cachet à l'aide duquel la maladie se révèle, ne manquait à aucune d'elles.

A Pont-à-Marcq, une bête récemment achetée, tombe malade quelques jours après son arrivée dans l'étable du sieur Deleville, cultivateur en cette commune ; elle est séparée des autres animaux et nous la trouvons morte à notre arrivée. L'autopsie en est immédiatement faite en présence de notre confrère Delplanque de Douai, et du docteur de l'endroit, qui nous affirme rencontrer dans les lésions offertes, une identité parfaite avec celles que présentent les affections typhoïdes dans l'espèce humaine; M. Demesmay, le savant que l'on rencontre toujours et dans toutes les occasions où l'appellent ses connaissances si profondes et si variées, était également présent à cette autopsie, qui nous a offert les lésions très caractéristiques du typhus, cause bien évidente de la mort de cette bête.

A Férin, une bête nouvellement introduite

dans la ferme n'avait point été mise dans l'étable commune. Elle nous est présentée, et la teinte si caractéristique de la conjonctive, son infiltration, jointe aux autres symptômes et à une attitude spéciale toute particulière, nous renseignent suffisamment pour que nous n'hésitions pas à la faire abattre. Dans cette bête, bien que la coloration de la muqueuse vaginale particulière au typhus nous fasse ici défaut, nous n'en rencontrons pas moins cependant les lésions que j'avais annoncées à mes confrères Delplanque et Houviez, présents à cette autopsie.

A Gœulzin, une bête avait été précédemment abattue par ordre de notre confrère Delplanque. Les symptômes qu'il m'énumère et les lésions rencontrées par lui ne doivent laisser aucun doute.

A Douai, trois bêtes sont saisies sur le marché comme suspectes. Elles sont séquestrées à l'abattoir et avis m'en est donné. Je m'y rends immédiatement; l'une d'elles ne me laisse aucun doute qu'elle ne soit atteinte de l'affection. Elle est abattue en présence de MM. Delplanque, de Douai, et Mitaut, vétérinaire, en garnison dans cette même ville, qui pourraient témoigner des lésions non contestables rencontrées.

Les deux autres bêtes qui avaient subi le contact de celle qui venait d'être abattue ne nous ont rien présenté qui pût faire soupçonner qu'elles étaient sous la menace de l'affection; aussi, les fimes-nous séquestrer jusqu'à nouvel ordre.

Telle est, M. le rédacteur, la relation exacte des faits parvenus à notre connaissance. Sans doute qu'il eût été préférable de ne pas massacrer et faire enfouir tous les animaux qui avaient subi le contact de ceux reconnus infectés; ceux, chez lesquels la maladie n'était point encore déclarée, auraient pu être tenus en observation sous la condition d'une sérieuse séquestration. C'est ce que nous avions ordonné, et en cela nous sommes en parfaite concordance d'opinion avec notre honorable collègue; mais des ordres supérieurs ne nous ont pas permis de continuer une expérimentation en cours d'exécution, et qu'il eût été très-intéressant de poursuivre. Il a donc fallu que tout fût sacrifié à l'instant même. Nous aurons ultérieurement l'occasion d'émettre notre avis sur l'extrême rigueur des lois et arrêtés relatifs aux épizooties, et nous appuierons notre opinion de quelques faits, que nous devons, et pour cause, taire en ce moment. Nous démontrerons la nécessité d'apporter de sérieuses modifications à une législation créée sous l'influence de terreurs causées par les foudroyantes épizooties qui ont régné à différentes époques, et dont les ravages ont semblé motiver la rigueur des lois.

Cet article, quoique déjà beaucoup trop long,

laissera bien certainement beaucoup à désirer.
Notre collègue demandera de nouveau, pour le
discuter sans doute, l'exposé des symptômes, et
surtout des lésions, afin d'en juger. Mais nous
lui dirons de patienter, car les détails dans lesquels il serait utile d'entrer dépassent les limites
qu'il est possible de réclamer d'un journal consacré aux intérêts de la localité; nous nous proposons sous peu d'en entretenir la presse spéciale et de faire la relation complète de l'apparition
du typhus dans notre département.

En attendant, nous engageons notre collègue
à prendre la chose plus au sérieux qu'il ne l'a
fait, et à ne pas trop égarer sa clientèle et tout le
public agricole dans une voie rassurante et com-
premettante pour tous; nous lui dirons de
prendre garde, car il y a là une responsabilité
bien grande et beaucoup trop lourde pour qu'on
s'en charge si bénévolement.

Cela dit, nous prions notre honorable collègue,
qui nous connaît bien, de croire que nos convic-
tions ne sont que le résultat d'une étude minutieuse, approfondie, que nous avons faite de la
question si grave qui nous occupe. Quant à nous,
nous respectons les siennes ainsi que les savantes déductions qu'il en a tirées; nous ajouterons cependant qu'il eût été bien vite converti
s'il eût eu l'occasion de se rencontrer avec nous,
jeudi dernier, chez notre confrère Delplanque,

où il eût vu de nouvelles lésions qui ne lui eussent bien certainement laissé aucun doute dans l'esprit, car là rien ne manquait à la représentation complète, photographique, dirai-je, du typhus contagieux.

Veuillez agréer, avec mes remercîments, Monsieur le Rédacteur, l'expression de mes sentiments distingués,

A. POMMERET,

Médecin-vétérinaire départemental, Inspecteur des marchés.

Lille, 11 octobre 1865.

*
* *

Réponse de M. Lenglen.

Monsieur le Rédacteur,

Je suis étonné, en rentrant de voyage, de lire, dans les colonnes de votre estimable journal, une longue lettre de mon honorable confrère de Lille, M. Pommeret, en réponse et à mon article du 26 septembre et à ma lettre à M. Delplanque du 5 octobre.

J'avais lieu de croire que cette dernière avait mis fin à la sorte de discussion née entre M. Delplanque et moi, à propos *du typhus*, plus de huit jours s'étant écoulés depuis ma dernière lettre,

qui avait suivi immédiatement celle de mon confrère de Douai. Mais il paraît que la spontanéité
ne peut être bonne que lorsque la thèse est
claire, incontestable, comme l'est celle que je
soutiens, car mon nouveau contradicteur a eu
besoin de mûrir longuement sa diatribe aigre-
douce et de recourir au ban et à l'arrière-ban de
la confraternité qui l'entoure, pour arriver, non
à nous donner de nouveaux arguments, mais
bien à nous prêter des opinions que nous n'avons
pas émises et à chercher à nous démontrer que,
selon lui, un jeune adepte de la science doit s'in-
cliner devant la force et le poids d'une longue
pratique, mettant ainsi les idées préconçues au-
dessus des démonstrations des faits et des principes les plus patents.

Ne faut-il pas, d'ailleurs, Monsieur le rédacteur, que les arguments que je faisais valoir dans
mes précédentes lettres aient paru bien difficiles
à réfuter, ne faut-il pas que j'aie paru bien terrible pour soulever contre moi et successivement, deux des représentants les plus autorisés
de la médecine vétérinaire dans le département
du Nord, et cela, comme s'il eût été nécessaire
de prêcher une croisade, pour accomplir une
tâche qu'on disait d'abord si facile? En adversaire généreux, M. Delplanque eût pu se contenter de son bras; ses coups eussent encore été
assez rudes et peut-être eussent-ils porté plus
juste que ceux de son auxiliaire, car ces derniers

ne doivent pas, Dieu merci, me faire de bien profondes blessures, tant la main qui les donne prend soin de les diriger sur des points invulnérables. Voyons-donc :

Qu'avais je soutenu en effet? Que le typhus n'existait pas dans l'arrondissement d'Arras et qu'en l'absence de description des symptômes et des lésions qu'avaient observés mes confrères du Nord, il n'était pas démontré qu'il existât dans l'arrondissement de Douai et que les symptômes constatés par mon collègue de cet arrondissement pouvaient bien être ceux d'une affection que j'avais combattue ici avec succès.

Quant à ceux de Wattrelos, je disais, contrairement à ce qu'affirme M. Pommeret : « *Nous déclarons à l'avance que nous sommes loin de prétendre qu'on n'ait observé jusqu'aujourd'hui aucun cas de typhus en France ; notre correspondance nous autorise, au contraire, à croire que dans les environs de Roubaix à Wattrelos, plusieurs animaux sont morts de cette maladie, ou ont été abattus alors qu'ils étaient soupçonnés d'en être affectés.* »

Il n'y avait assurément que deux réponses à faire, s'il y avait lieu à discussion, à savoir : démontrer l'existence de l'épizootie dans l'arrondissement d'Arras, par la description des symptômes et des lésions qui avaient été réellement constatés dans celui de Douai ; mais en habile athlète qui connaît le défaut de sa cuirasse, mon contradicteur présente le bouclier et se borne non-seulement à répéter que ses affirmations doivent être des articles de foi, mais encore à me faire dire ce qui n'a jamais été ni dans ma bouche, ni dans ma plume, par exemple que la maladie n'a pas été à Wattrelos, quand au contraire, ainsi qu'on vient de le voir, je n'émets aucun doute à cet égard.

Aussi croit-il devoir colorer sa discussion de quelques pointes acérées à mon adresse et surtout me donner des conseils que je lui renvoie avec force remerciments, en l'engageant toutefois à bien se convaincre que, pour n'avoir pas alarmé nos populations comme il l'a fait, je n'en ai pas moins prescrit des mesures hygiéniques et préservatrices dont tous mes clients se trouvent très-heureux.

Disons cependant, en passant, que dans la présente discussion, on nous paraît faire jouer à M. Lecoq un singulier rôle et abuser bien légèrement de son nom. Il paraît, en effet, qu'au lieu de faire sacrifier « tous les animaux qui avaient subi le contact de ceux reconnus malades » on se serait contenté de les faire séquestrer. Ce ne serait qu'à la suite d'ordres supérieurs qu'il n'aurait plus été possible de continuer une semblable expérimentation qu'il eût été, ajoute M. Pommeret, « très-intéressant de poursuivre. »

En vérité, c'est à n'y pas croire ! De deux choses
l'une : ou vous étiez certain que vos animaux
étaient affectés du typhus, ou vous conserviez
des doutes sur l'existence de cette maladie. Dans
le premier cas, pourquoi donc continuer une
expérimentation que des millions de faits *observés et bien observés* démontrent être parfaitement inutile. On sait, et on ne cesse de le répéter, que le typhus est contagieux, très-conta-
gieux, et vous vouliez renouveler encore l'expérience au risque de laisser s'étendre la maladie
que la moindre imprudence pouvait transporter
au loin. Mais, réfléchissez-y donc, M. Pommeret !

Dans le second cas, si vous n'étiez par certain
que vous aviez affaire au typhus, pourquoi donc
faire abattre vos animaux ? Qui vous empêchait
de les faire séquestrer, de les observer tout à
votre aise jusqu'à ce que vous fussiez fixés sur
la nature de la maladie ? Qui vous pressait donc
de crier aussi fort que le typhus existait en
France alors que vous n'en étiez pas certain ?
Vous voyez donc bien que vous voulez absolument me faire douter de vos conclusions et que
vous même conservez encore des doutes

Notre confrère, M. Delplanque, agissait autrement ; voulant répondre à notre mise en demeure de nous donner la description des symptômes et des lésions constatés, il nous envoyait

à la préfecture du Nord pour avoir une relation complète des lésions rencontrées à l'autopsie. Il nous est revenu de là-bas qu'on s'était présenté à la préfecture en notre nom pour obtenir ces précieux renseignements, et que M. Bergognié, secrétaire-général, faisant alors les fonctions de Préfet, aurait répondu qu'aucun travail de ce genre n'existait dans les cartons de la préfecture, où l'on avait seulement le *chiffre et l'estimation des animaux abattus*. Nos confrères ne sont décidément pas heureux. Ce que c'est cependant que de défendre une mauvaise cause !

Et voilà avec quels arguments MM. Pommeret et Delplanque prouveront que le typhus existe dans l'arrondissement d'Arras, dans le département de la Somme ; voilà pourquoi ils nous imputent à crime de ne pas nous joindre à eux pour alarmer les populations, jeter la perturbation dans le commerce des bestiaux, demander l'interdiction des foires et marchés ; il ne manque plus que l'assommement de toutes les bêtes bovines du Nord et du Pas-de-Calais Mais patience, cela viendra peut-être pour leur plus grande gloire.

Vous allez voir, Monsieur le rédacteur, que M. Pommeret ne manque pas de confiance en lui-même ; il a observé trois ou quatre cas de typhus ; il a cru en observer quatre autres et c'est à l'aide de pareils documents qu'il nous

promet un grand travail sur le typhus, dans
lequel il démontrera que les réglements, lois et
arrêts de police sanitaire ont besoin d'être ré-
visés, refondus, pour être mis à la hauteur de
la civilisation actuelle; nous dirons à M. Pommeret, quoique plus jeune, et quelque indigne
qu'il nous croie de lui donner des conseils, qu'il
est superflu de se charger d'un pareil travail ; il
y a longtemps que MM. Renault et Reynal ont
dit tout ce qu'il y a à faire à cet égard. Nous
engagerons M. Pommeret à lire les articles de
police sanitaire du nouveau dictionnaire de MM.
Bouley et Reynal, et notamment un rapport de
ce dernier fait à la société impériale de médecine
vétérinaire de Paris le 17 mars 1862. Il se per-
suadera, après avoir lu cet ouvrage, qu'il ne
reste plus rien à dire après ces savants judicieux
et très-compétents maîtres de la science.

Un dernier mot maintenant : M. Pommeret, à
sa manière de raisonner, donne à penser que
nous ne connaissons le typhus que par les descriptions que nous en avons lues dans les divers
ouvrages traitant de cette affection. Qu'il se ras-
sure, car nous n'avons pas attendu que le typhus
vienne dans nos contrées pour l'étudier ; nous
avons voulu être en mesure de le combattre dès
son apparition ; aussi n'avons-nous pas reculé
devant une dépense de temps et d'argent pour
nous renseigner à cet égard. Nous pouvons ajouter même, M. Pommeret, contrairement à ce que

vous dites, que la plupart des descriptions qu'en donnent les auteurs ne sont nullement empreintes d'exagération, et que nous avons vu maints animaux affectés de typhus et présentant des symptômes parfaitement semblables à ceux indiqués par les différents auteurs que nous possédons. D'ailleurs, nous ne nous étonnons pas qu'à vos yeux les relations que vous en avez lues vous paraissent empreintes d'exagération, surtout si vous les comparez aux symptômes présentés par les animaux que vous avez fait abattre alors qu'ils vous *paraissaient atteints du typhus*. Permettez-moi d'ajouter qu'à mon tour vous me paraissez juger bien sévèrement, bien légèrement surtout ces auteurs comme d'Arboval, notre bien-aimé et tant regretté maître M. Renault, — qui daignait nous honorer, alors que nous étions encore son élève, d'une amitié toute particulière et qui a bien voulu nous initier à ses savantes recherches sur les maladies contagieuses, — le professeur italien Galli, et surtout M. Bouley ; ceux qui ont surtout étudié le typhus sur une très vaste échelle et qui ne se contentaient pas d'en observer une dizaine de cas pour tenter une description de cette maladie et porter sur les auteurs qui les ont précédés un jugement aussi téméraire.

J'en ai dit assez, je crois, pour que cette fois la satisfaction de mes honorables collègues soit complète, et qu'ils soient convaincus que, tout en ne niant pas absolument l'existence du typhus dans le Nord, il eut été bon, dans une discussion de donner les descriptions que nous avons demandées et enfin pour leur faire comprendre que si jamais cette maladie fait invasion dans notre arrondissement, nous saurons la reconnaître aussi bien qu'eux, et prendre les mesures énergiques que commanderait la situation.

Au risque d'abuser de votre obligeance habituelle, Monsieur le rédacteur, je réclame encore une place pour ce long article, espérant bien qu'il sera le dernier sur ce sujet, et vous en adresse d'avance mes bien sincères remerciments.

L'Inspecteur des marchés,

CH. LENGLEN,

Médecin vétérinaire.

* *

Il me reste, Messieurs, à appeler votre attention sur des faits d'une telle gravité, que le nombre et le caractère des personnes qui me les ont fait connaître et qui m'en ont garanti l'authenticité, peuvent seuls me décider à en admettre la possibilité.

D'après les renseignements très précis qui me sont parvenus, M. Lenglen, qui aime assez à se produire en public, se serait laissé aller, un jour de franc-marché d'Arras, en présence d'un assez nombreux auditoire composé de cultivateurs et de marchands de vaches, à de tels excès de langage contre ses collègues du Nord et surtout contre moi, que des vétérinaires présents auraient cru devoir le rappeler au respect des convenances professionnelles.

Le même jour, dans une réunion de la Société centrale d'agriculture du Pas-de-Calais, notre confrère, aurait entrepris de *prouver*, une fois de plus, que le typhus n'avait jamais existé dans les environs de Douai. A propos du fait de Lécluse, M. Lenglen aurait, en séance, cherché à déverser le ridicule sur M. Lagrange et sur moi, en affirmant que nous aurions considéré comme des lésions du typhus quelques excoriations amenées dans l'œsophage par la présence d'une pomme de terre arrêtée dans cet organe.

Je crois inutile, Messieurs, d'ajouter au simple exposé de ces faits aucun commentaire ; je préfère vous en laisser la complète appréciation : permettez-moi seulement de vous faire observer que, dans le cas même où nous aurions à nous reprocher l'erreur grave que notre collègue veut bien nous prêter, sa conduite envers ses confrères ne serait guère plus excusable, parce qu'au lieu d'une calomnie, on n'aurait à lui reprocher qu'une médisance.

III.

Vous n'attendez pas de moi, Messieurs, de longues explications au sujet de cette polémique. Afin de n'être pas entraîné à suivre mon adversaire dans tous ses écarts, je ferai bon marché de la forme, pour ne m'occuper que du fond de ses articles. J'examinerai successivement les diverses attaques dirigées contre moi par notre confrère, et je m'efforcerai, en les réfutant, de ne pas sortir comme il l'a fait trop souvent, des bornes de la modération et de la convenance.

*
* *

Examinons d'abord sur quelles données s'appuye mon contradicteur pour nier que la peste bovine ait été observée dans les environs de Douai. Faisant bon marché des caractères cliniques et anatomiques de la maladie, il déclare ne vouloir la reconnaitre qu'à un seul signe, la contagion; hors de là, pour lui, point de typhus. Que les malades des environs de Douai aient présenté tous les symptômes et toutes les lésions du typhus, peu lui importe : ces animaux venaient d'Arras où l'existence de l'épizootie n'a pas été

constatée, donc ils n'étaient pas affectés du typhus. Suivez, dans tous ses détours, l'argumentation toujours verbeuse, et souvent fort
confuse, de notre collègue, vous n'y trouverez
pas autre chose.

Raisonner ainsi, c'est, vous en conviendrez,
atteler les bœufs derrière la charrue.

Mais M. Lenglen, il est juste de le reconnaitre, ne pouvait pas se montrer trop rigoureux dans
le choix de ses *preuves*. Pour être fondé à mettre
en doute l'entité de la maladie que j'ai observée,
il aurait fallu avoir vu mes animaux malades, ou
tout au moins avoir reçu sur leur compte des
renseignements plus précis que ceux sur lesquels
il a cru pouvoir échafauder ses dénégations. —
Et ces renseignements, quoiqu'en ait dit notre
collègue, rien ne lui était plus aisé que de se les
procurer. Si, au lieu de me chercher, comme il
l'a fait, une mauvaise chicane dans son journal, M. Lenglen était venu, comme tant
d'autres de nos confrères, chercher auprès de
moi les éclaircissements qui lui manquaient, je
n'aurais pas plus refusé à lui qu'aux autres, la
communication de mes notes et de tous les documents que je possédais. Alors seulement, il lui
aurait été possible d'apprécier le degré de créance qu'il devait accorder à mes assertions.

Reprenons la question dans son ordre naturel,
et voyons d'abord si la maladie que j'ai observée

réunissait ou non les caractères du typhus; il sera temps ensuite de rechercher par quelle voie cette maladie a pu s'introduire dans les communes où je l'ai rencontrée.

*
* *

Les observations détaillées qui forment la première partie de ce travail nous dispensent de longs commentaires. Leur véracité vous serait au besoin attestée par des témoignages nombreux et irrécusables. Je puis donc considérer ma preuve comme faite. Je me bornerai à vous faire remarquer que les symptômes rapportés et les lésions décrites sont identiquement les mêmes qui ont été observés en Angleterre par M. Bouley, en Hollande, par M. Lecoq, à Wattrelos, par dix vétérinaires, à Eperlecques, par M. Leroy, au jardin d'acclimatation enfin, par MM. Leblanc, Bouley et Reynal. Ce qui partout ailleurs caractérise si complètement le typhus pourrait-il, à Douai, caractériser d'autres maladies toutes différentes? Comment ce qui est vérité là-bas pourrait-il se transformer ici en erreur?

Et si la maladie que j'ai observée n'était pas le typhus, quelle dénomination devrait-on donc lui appliquer?

M. Lecoq n'avait pas hésité à reconnaître le typhus dans la relation que nous lui avions faite de la maladie observée ici.

Aussi n'avons-nous pas vu sans quelque surprise M. Lenglen essayer de lui faire dire tout le contraire dans un article qu'il a fait insérer le 18 novembre, dans le *Courrier du Pas-de-Calais* et dont j'extrais le passage qui suit :

« Nous avons eu l'honneur d'avoir la visite
» de M. Lecoq, inspecteur général des écoles
» vétérinaires, chargé par l'administration d'une
» mission relative au typhus dans le nord de la
» France ; ce savant, dont l'autorité a été tant
» invoquée contre nous dans une discussion
» sans doute encore présente à l'esprit de la
» plupart de nos lecteurs, nous a *déclaré n'a-*
» *voir pas vu* les prétendus cas de typhus ob-
» servés à Férin, Gœulzin, Douai, Pont-à-Marcq,
» etc., *Il nous a dit n'avoir observé le typhus*
» *qu'à Wattrelos et ne pas vouloir se porter*
» *garant de tout ce qu'on avait pu avancer par*
» *exemple, pour Férin, Gœulzin, Douai, Pont-*
» *à-Marcq,* etc. »

L'article a été soumis à M. Lecoq, qui y a répondu de la manière suivante :

« En ce qui concerne M. Lenglen, je lui ai
» répondu, sur sa demande si j'avais vu les
» vaches sur lesquelles porte sa discussion :

» que je ne les avais pas vues, mais que j'avais
» pleine et entière confiance dans les assertions
» de MM. Pommeret et Delplanque. S'il dit
» autre chose, il est dans le faux. »

Maintenant, Messieurs, vous devez être édifiés, et sur la nature de la maladie que nous appelons le typhus, et sur la valeur des dénégations de M. Lenglen.

*
* *

Voyons maintenant s'il nous sera aussi difficile que M. Lenglen veut paraître le croire, de suivre dans le département du Pas-de-Calais la trace des animaux qui ont introduit le typhus dans l'arrondissement de Douai, ou, pour mieux spécifier, dans le canton d'Arleux, auquel appartiennent toutes les communes où j'ai observé des cas de typhus, à l'exception de Férin, qui confine en même temps à ce canton et au Pas-de-Calais.

De tous les renseignements que j'ai recueillis, il résulte que le sieur Grain, de Rocquignies, a exposé en vente sur le marché d'Arras du 19 août, une bande de dix vaches artésiennes, ferrées, que, sans vouloir en dire davantage, il m'a déclaré avoir achetées ensemble, soit au marché de Doullens, soit à celui de Saint-Pol, et qui pouvaient venir de beaucoup plus loin. Il est bon de

ne pas perdre de vue que Doullens et Saint-Pol
ne sont pas à plus de douze lieues des côtes de
la Manche. Si, comme je me crois fondé à le
supposer, le typhus s'est déclaré dans quelque
ferme du littoral par suite de l'introduction, non
encore prohibée alors, de bêtes anglaises contaminées, cette distance a pu être facilement
parcourue par les animaux de cette ferme, ex-
pédiés clandestinement sur un marché lointain
par leur propriétaire désireux de se préserver
d'une perte totale.

Quoiqu'il en soit, sur cette bande de dix
vaches achetée au sieur Grain par Labalette,
deux m'ont fourni mes deux cas de typhus les
plus complètement caractérisés, ceux de Gœulzin
et de Lécluse, et trois autres ont été regardées
comme suspectes, non-seulement par moi, mais
encore par M. Pommeret, dans la visite qu'il a
faite de l'étable de Tantart. Il n'est pas inutile
de constater en outre que celle de ces vaches qui
devait succomber à l'épizootie à Gœulzin le
19 août portait déjà en elle, à son passage sur
le marché d'Arras, les germes de la maladie.
Nous la voyons en effet arriver malade chez
Tantart, et y languir jusqu'au moment où l'affection, revêtant un type suraigu, la fait mourir
en cinq ou six jours.

Il est donc pour moi hors de doute que c'est
cette bande suspecte de dix vaches qui a apporté

sur le marché d'Arras la maladie que nous avons vue s'étendre de là dans le canton d'Arleux.

En effet, la vache de Pont-à-Marcq, dont je n'ai pas à m'occuper ici, a été achetée sur le marché de Seclin le 21 août, et provenait sans doute aussi du marché d'Arras du 19 août.

Quinze jours plus tard, le 2 septembre, c'est à dire au terme le plus ordinaire de l'incubation du typhus, deux marchands de la commune de Rivière, (Théophile et Fifine Pronnier), vendent sur le marché d'Arras, à Jalin et à Dussart, les deux vaches qui me fournissent les cas un peu moins accentués de Férin et du marché de Douai.

Enfin, le 9 septembre, le même Théophile, de Rivière, vend à Carlier, toujours sur le marché d'Arras, la vache qui est venue mourir à Cantin.

La principale objection de M. Lenglen, est que si ces vaches avaient eu réellement le typhus, une maladie aussi contagieuse n'aurait pas manqué de se répandre aux environs d'Arras, et qu'on ne l'y a constatée nulle part.

Est-il bien certain, d'abord, qu'aucune bête n'ait succombé au typhus dans l'arrondissement d'Arras? Le même esprit qui a su empêcher d'aboutir les enquêtes ordonnées par l'administration pour remonter à la provenance originelle de nos vaches infestées, ne peut-il pas avoir inspiré l'idée de dissimuler quelques morts suspectes?

En second lieu, ne serait-il pas possible de
trouver, dans les aveux mêmes de M. Lenglen,
la preuve que l'arrondissement d'Arras n'aurait
pas été aussi exempt que le prétend notre confrère, des atteintes de l'épizootie.

Qu'est-ce, en effet, que cette affection toute
bénigne dont M. Lenglen nous donne la description dans son premier article ; — affection
qui n'avait jamais été observée avant le 19 septembre aux environs d'Arras, qui s'y m ntre
alors, au dire de notre collègue, à un certain
nombre de vétérinaires, et qui depuis en dispa-
raît sans retour et comme par enchantement ; —
affection qui ressemble tant au typhus, et qui ne
ressemble à aucune autre maladie décrite, et à
laquelle d'ailleurs il se garde bien de donner un
nom ?

Cette maladie, qui ne me paraît pas différer de
celle que j'ai observée moi-même à Gœulzin, sur
la vache du sieur Maillez, et qui s'est montrée
également sur quelques-unes des bêtes de Wattrelos et d'Eperlecques, ne serait-elle pas tout
simplement une manifestation affaiblie du typhus,
que M. Lenglen n'aurait pas su, ou, ce qui est
plus probable, n'aurait pas voulu reconnaitre ?

On trouve, dans l'histoire de toutes les maladies contagieuses, épidémies ou épizooties, de
nombreux exemples de ces variations d'intensité ; de deux localités voisines, l'une peut être

décimée par le choléra, tandis que dans l'autre tout peut se borner à la diarrhée prémonitoire.

Si d'ailleurs, il est exact qu'on n'a eu à observer dans les environs d'Arras que des cas de typhus amoindri, cette heureuse immunité ne pourrait-elle pas être attribuée à ce que, sur la vache que je considère comme ayant infecté toutes les autres, le typhus était loin de revêtir son type le plus aigu.

Nous voyons, en effet, cette vache rester, du 20 août au 10 septembre, dans un état qu'on ne saurait appeler incubation, puisqu'elle présentait dès lors des phénomènes morbides, et succomber ensuite en quelques jours à un réveil de la maladie.

D'autre part, la vache de Pont-à-Marcq, achetée au marché de Seclin le 21 août, ne tombe malade que le 14 septembre, après une incubation de 26 jours, et meurt le 17.

Enfin, la vache de Lécluse nous offre l'exemple d'une incubation encore bien plus prolongée; elle ne devient visiblement malade que le trente-neuvième jour après son arrivée.

La longue résistance opposée par l'économie à l'invasion du mal ne nous prouverait-elle pas, que le virus transmis avait perdu en grande partie son énergie originelle?

Cette incubation prolongée au-delà de sa durée ordinaire fournit, je le sais, un argument à l'aide duquel on conteste la nature de la maladie ; à cette objection, nous pouvons répondre d'abord, que l'histoire du typhus n'est pas dès à présent connue d'une manière si complète, que tout le monde soit bien d'accord, notamment, sur les limites de sa période d'incubation ; ensuite, que dans l'épizootie actuelle, il a été constaté en Belgique des cas, en assez grand nombre, où l'incubation a dépassé vingt jours ; enfin, qu'il suffit d'un fait bien constaté pour renverser un millier de théories mal assises.

Comme seconde objection, M. Lenglen nous dit que, si nos bestiaux ont eu réellement le typhus, c'est que, depuis leur passage sur le marché d'Arras, ils se sont trouvés en contact avec des animaux infectés de cette maladie. Cette assertion, pour être prise au sérieux, aurait besoin d'être appuyée sur des preuves ; je ne m'arrêterai pas à la discuter.

M. Lenglen m'adresse le reproche d'avoir fait massacrer prématurément tous les animaux qui, à Gœulzin, à Lécluse et à Douai, avaient cohabité avec les bêtes déclarées atteintes de la peste bovine. J'ai déjà répondu à cette critique, à laquelle mon contradicteur paraît attacher une grande importance, puisque, sans tenir compte de ma réponse, qui ne manquait cependant pas de précision, il relève encore contre moi le même grief dans la suite de sa polémique. — Je ne puis que répéter ici ce que j'ai déjà dit ailleurs : les vaches de Gœulzin, de Pont-à-Marcq et de Douai, dont M. Pommeret et moi nous étions bornés à prescrire la séquestration, n'ont été abattues que sur un ordre formel, émané de M. le Préfet du Nord, et auquel nous avons dû obéir sans être admis à le discuter.

J'ajouterai que, si mes informations sont exactes, cet ordre aurait été dicté par l'administration supérieure, qui aurait trouvé à critiquer la marche suivie ailleurs, à Wattrelos et à Eperlecques.

Et d'ailleurs, cette décision, que je n'aurais pas osé prendre sous ma seule responsabilité, je n'ai jamais songé à en contester la nécessité ; et si, dès le 28 septembre, je m'en déclarais le zélé partisan, c'est qu'il m'était dès lors démontré que la mise en pratique de cette mesure pouvait seule empêcher le typhus d'étendre ses ravages sur notre pays.

L'événement a prouvé, en outre, que ce moyen si décrié avait pour lui l'avantage de l'économie, et qu'il a amené beaucoup moins de pertes que le système de l'expectation.

Voyons, en effet ce qui s'est passé dans nos deux départements.

A Wattrelos, le typhus s'est déclaré dans un hameau complètement isolé du reste de la commune et composé de deux fermes. Là, l'expérience proposée par M. Lenglen pouvait se faire sans inconvénient ; on s'est borné à des mesures d'isolement. Sur 14 bêtes à cornes qui se trouvaient dans les deux fermes, 12 ont été atteintes par l'épizootie ; deux seulement s'y sont montrées réfractaires.

A Eperlecques, où M. Lenglen a pu exercer quelqu'influence, et où ses idées ont été mises en pratique jusqu'au bout, le typhus a été transmis par un veau anglais à 22 animaux, sur lesquels trois seulement ont guéri.

Pour les deux localités où le typhus a été abandonné à sa marche naturelle, nous trouvons donc, en total, 35 animaux atteints, sur lesquels 32 ont succombé.

En opposition à ces chiffres, établissons le bilan de ce qu'on a appelé le système du massacre :

A Gœulzin, pour 1 vache morte, 6 sont abattues ;

De même, à Pont-à-Marcq : 1 morte, et 6 abattues ;

A Férin, 1 vache est abattue ;

A Douai, nous avons 1 malade, 2 abattues ;

A Lécluse, 1 morte, 4 abattues ;

A Cantin, 1 morte, 1 veau abattu ;

Ce qui donne une perte totale de 25 bêtes, dont 19 abattues par mesure préventive.

Ce chiffre, déjà si notablement inférieur à celui auquel nous le comparons, perdra encore à vos yeux la plus grande partie de son importance, si vous voulez bien tenir compte, d'une part, du nombre de nos foyers de contagion , d'autre part, de la *densité* de notre population bovine, qui n'est pas, comme ailleurs, disséminée dans des hameaux éloignés les uns des autres, mais qui se trouve entassée, en stabulation permanente, dans l'unique et compacte agglomération dont se composent les villages environnant Douai.

Les vaches de Férin, de Douai et de Cantin, moins gravement atteintes et isolées à temps, ne devaient pas donner lieu à de sérieuses inquiétudes ; n'en tenons pas compte, j'y consens ; il nous restera encore trois communes, où la formation de foyers épizootiques était inévitable, je dis plus, où ces foyers existaient déjà. Combien le fléau aurait-il fait de victimes, et où son irradiation se serait-elle arrêtée, sans la mesure énergique qui est venue l'y étouffer !

***

Un seul mot, avant de terminer, sur le reproche que m'adresse M. Lenglen, dans le but, sans doute, de mettre le public dans ses intérêts, d'avoir laissé livrer à la consommation la vache arrêtée sur le marché de Douai.

N'avons-nous pas lieu de nous étonner de voir M. Lenglen se poser carrément en adversaire d'une des idées favorites de *son bien-aimé et tant regretté maître*. Je dois le confesser ici humblement, je n'ai jamais été, comme notre confrère, honoré de l'illustre amitié dont il fait parade, mais il n'est pas indispensable, et cela est fort heureux, d'avoir été admis par Renault à aucune part de collaboration, d'avoir été initié comme l'a été M. Lenglen à ses études, pour savoir qu'il poussait jusqu'à l'exagération ses opinions sur l'innocuité complète de l'emploi dans l'alimentation, de la viande provenant d'animaux affectés des maladies les plus graves, sans en excepter le typhus.

En échange de la leçon qu'il a bien voulu me donner, dans ses différents articles, sur les propriétés contagieuses de la peste bovine, que notre confrère me permette de lui rappeler, car je ne veux pas supposer qu'il l'ignore, que dans certaines circonstances, dans le cas d'un siége, par

exemple, une armée tout entière a pu faire im-
punément une consommation journalière et prolongée de la viande d'animaux affectés du typhus
à tous ses degrés.

Consultez d'ailleurs les relations de nos confrères d'Angleterre et de Hollande sur l'épizootie
actuelle, vous y trouverez cent fois reproduit le
fait dont M. Lenglen veut nous faire un crime.

Je suis loin de partager toutes les idées de
Renault sur l'innocuité des viandes malades ; je
ne fais toutefois aucune difficulté à reconnaître
que la viande des bêtes atteintes d'un commencement de typhus n'est pas plus malsaine ni plus
dépourvue de propriétés nutritives que celle
provenant des bestiaux affectés de pleuro-pneumonie, dont M. Lenglen, comme tout le monde,
tolère cependant chaque jour la mise en consommation.

IV.

Vous avez maintenant, Messieurs, tous les éléments nécessaires pour résoudre en parfaite connaissance de cause cette question que j'ai eu l'honneur de soumettre au début de ce travail, à votre examen éclairé et impartial :

Le typhus a-t-il existé dans l'arrondissement de Douai?

J'ai fait passer sous vos yeux les faits avec tous leurs détails ;

Ces faits vous sont présentés sous la garantie des vétérinaires et des médecins que j'ai appelés à les constater avec moi

Mes notes, recueillies dans ces conditions qui vous en garantissent la fidélité, ont été soumises par moi successivement :

Au conseil de salubrité de l'arrondissement de Douai ;

A la Commission spéciale de l'épizootie, composée de tous les vétérinaires, exerçant dans l'arrondissement ;

A M. Lecoq, alors inspecteur-général des écoles vétérinaires :

Enfin, à la Société Impériale et centrale de médecine vétérinaire, à laquelle M. Mitaut a transmis, d'après le désir qu'elle lui en avait exprimé, les observations que je l'avais mis à même de recueillir.

Nulle part je n'ai rencontré l'ombre d'un doute.

M. Lenglen seul a cru devoir s'inscrire en faux contre les faits que j'ai avancés.

Vous estimerez la valeur de ses dénégations, opposées à des faits qui lui étaient alors et lui sont restés jusqu'ici de tout point inconnus.

J'ai fait voir en outre par quelle voie l'épizootie avait pu s'introduire dans les lieux où je l'ai observée.

J'ai enfin répondu aux critiques qui m'ont été adressées touchant les mesures de police sanitaire mises en pratique.

En même temps que vous examinerez le mérite de mes réponses, vous jugerez sans doute convenable d'apprécier si les déclamations de notre confrère, en même temps qu'elles m'atteignaient par leur forme diffamatoire, n'ont pas porté une atteinte évidente à la considération et aux intérêts généraux de notre profession.

Recevez, Messieurs, l'assurance de mes sentiments profondément respectueux.

E. Delplanque.

Douai, le 30 novembre 1865.

INVASION

DU

TYPHUS CONTAGIEUX

DE L'ESPÈCE BOVINE

DANS LE DÉPARTEMENT DU NORD

Par M. POMMERET

Médecin-vétérinaire départemental, Président de l'Association
vétérinaire des départements du Nord & du Pas-de-Calais.

Le typhus contagieux de l'espèce bovine,
qui a fait et fait encore de si cruels ravages sur
le riche bétail de l'Angleterre, qui s'est propagé
par la voie commerciale en Hollande et en Belgique, s'est également montré en France, dans le
département du Nord, où il a fait son apparition d'abord dans deux fermes de la commune
de Wattrelos, extrême frontière de la France vers
la Belgique, dans les circonstances que nous allons exposer.

Avant d'aller plus loin, hâtons-nous de dire
que nous n'avons pas la prétention de faire
l'historique du typhus. De hautes capacités, les
princes de la science, qui s'en sont spécialement
occupés, nous ont heureusement laissé de riches
et précieux matériaux sur cette redoutable affection ; notre condisciple et ami Renault, le savant
si regretté, nous a surtout transmis sur cette

désastreuse maladie d'impérissables documents, qu'il est allé puiser sur le théâtre même où le typhus règne enzootiquement. Les pages qu'il nous a laissées sur ce sujet sont empreintes de ce rigoureux et intelligent esprit d'observation qui le caractérisait, et qu'il appliquait particulièrement et avec tant d'ardeur, à l'étude de toutes les maladies contagieuses virulentes. Notre rôle sera des plus modestes ; il n'ira pas au-delà de la relation scrupuleuse des faits que le typhus nous a donné l'occasion de constater lors de son apparition dans notre département, et de l'insistance qu'il paraissait mettre à vouloir franchir les avant-postes pour nous envahir. Dans cette relation, dépouillée de toute idée préconçue, nous dirons avec quels soins et quelle réserve nous avons procédé à l'observation et à l'étude d'une épizootie nouvelle pour nous, qui se montrait si menaçante, et qui a tant effrayé le monde agricole. Mais nous ne faiblirons pas non plus pour soutenir que les caractères observés et les lésions si remarquables que nous avons constatées, ont porté dans notre esprit la conviction la plus profonde et la plus intime que la constatation que nous avons faite du typhus n'était point une utopie comme ont cherché à l'insinuer ceux qui aiment à faire naître la controverse, et qui n'ont pas eu l'occasion de rencontrer sur leur passage, ou plutôt, qui n'ont pas cherché à la rencontrer, cette maladie au type si contagieux

que des mesures préventives énergiques ont empêché de pénétrer dans le département et de
porter la désolation et la ruine dans nos précieuses et riches étables.

Cela dit, nous allons procéder à l'exposé des
faits en suivant l'ordre dans lequel ils se sont
présentés, en commençant par les renseignements
qui nous ont été fournis avant que nous fussions
officiellement appelé pour constater la maladie
signalée. Voici ces renseignements :

Une bête nouvellement arrivée de la Hollande
est vendue, le 24 août dernier, par le sieur Fre-
lier, marchand de bestiaux à Marcq, à la dame
veuve Liagre, cultivatrice en la commune de
Wattrelos, qui l'introduit dans son étable. Le
29, la bête laisse le manger sans présenter de
symptômes qui puissent faire supposer l'affection dont elle est menacée. Le 30, la position
s'aggrave; elle meurt le 31.—Point d'ouverture.

Une seconde bête, déjà ancienne dans cette
même étable, tombe également malade le 30. Elle
présente des symptômes qui ont la plus grande
analogie avec ceux observés sur la précédente.
Sèche de lait et en assez bon état, on la sacri-
fie pour la livrer à la consommation. — Point
d'ouverture.

Le 31, les deux bêtes qui restaient dans cette
petite étable, tombent malades. Le 1ᵉʳ septembre, elles donnent beaucoup d'inquiétude. Elles

sont visitées et saignées par un praticien de Roubaix. Le sang coule difficilement; il est noir, poisseux, et le jet, habituellement si fort chez ces animaux lors de la saignée, ne s'exécute pas de cette manière. Le sang s'écoule très lentement, bien que l'ouverture de la veine soit très large.

D'une conversation tenue par des marchands venus de la Hollande, il résulte qu'une maladie contagieuse règne dans les prairies des environs de Rotterdam et dans les distilleries de Schiedam. Nous apprenons même que l'un de ces marchands aurait fait savoir par dépêche télégraphique, de suspendre toute acquisition en Hollande. — Renseignements qui me sont fournis le 2 septembre, à sept heures du soir.

Informé des faits qui se passaient dans la commune de Wattrelos, et sans toutefois leur accorder une bien grande créance, nous crûmes cependant devoir les porter à la connaissance de l'autorité. C'est ce que nous fîmes dans les termes suivants :

Monsieur le Préfet,

Une épizootie très meurtrière règne sur l'espèce bovine de l'Angleterre et y occasionne des pertes immenses. La maladie paraît avoir fait invasion en Hollande, et déjà j'avais eu la pensée de vous entretenir de ce fait pour aviser aux moyens qu'il y aurait à employer afin de garantir la frontière des provenances si considérables qui nous arrivent de ce pays.

Aujourd'hui l'on vient de me signaler un fait qui me donne quelque inquiétude sur l'apparition possible de la maladie dans la commune de Wattrelos (*suit l'énumération des renseignements ci-dessus*).

En présence de ces renseignements qui peuvent être exagérés, nous l'espérons, et des conséquences si graves qui pourraient résulter de l'invasion de la maladie, n'y aurait-il pas urgence, Monsieur le Préfet, de s'éclairer et de prendre des mesures que la prudence doit commander dans une affaire aussi grave pour empêcher l'envahissement de la maladie en *interdisant la frontière* d'où nous provient une quantité si considérable d'animaux destinés aux nombreuses laiteries du département du Nord.

J'attendrai votre décision, Monsieur le Préfet, sur une affaire d'une haute gravité, si malheureusement l'épizootie se propageait en France par la frontière que je vous signale et qui est la plus importante pour l'introduction des animaux étrangers.

Veuillez agréer, Monsieur le Préfet, l'expression de mes sentiments distingués.

A. POMMERET.

Lille, 2 septembre 1865, 8 heures du soir.

C'est à la suite de cette communication que l'autorité nous confia la mission d'aller sur les lieux indiqués pour constater l'état sanitaire des animaux dans la commune de Wattrelos. Nous nous y rendîmes le 4, et voici ce qu'il nous a été donné de constater dans cette première visite.

Chez la dame veuve Liagre, dans l'étable de laquelle avait été introduite la bête hollandaise qui est morte le 31 août, deux bêtes, les seules qui restent dans cette ferme, me sont présentées. Elles m'offrent les symptômes suivants :

Attitude générale pénible, température extérieure sensiblement abaissée, principalement aux oreilles et aux cornes, que je trouve très froides ; tête basse, œil retracté dans l'orbite ; larmoyement considérable sur la partie lacrymale du chanfrein et corrodant la peau dans son parcours ; dos voussé en contre-haut ; épine dorsale raide et inflexible à la pression ; poils hérissés, membres rapprochés vers le centre de gravité ; les boulets postérieurs sont reboutés, infléchis en avant ; ventre affaissé, mamelles flasques, pendantes ; la suppression totale du lait et la cessation de la rumination avaient été instantanées dès l'apparition des premiers signes de la maladie ; respiration accélérée, difficile, entrecoupée, et accompagnée d'une plainte très accusée à chaque mouvement expirateur ; pouls déprimé, mouvements du cœur peu percevables; muqueuses apparentes d'un rouge foncé, la conjonctive se distingue surtout par une nuance très caractéristique et que l'on a si justement comparée à celle de l'acajou, mais encore par une infiltration qui forme une sorte de bourrelet sous la paupière supérieure; des mucosités striées de sang s'écoulent des narines; une bave filante emplit la bouche et s'en échappe lorsqu'on provoque le mouvement des mâchoires; la membrane vaginale, qui revêt également une teinte foncée particulière, présente quelques plaques plus accusées, quelques vergetures, sa surface est recouverte d'une couche sédimenteuse, sorte de pseudo-membrane.

La plupart de ces symptômes, l'état de la respiration, et surtout la plainte qui l'accompagne, ayant une analogie frappante avec ceux que présentent les animaux atteints de la pleuro-pneumonie épizootique, on serait tenté à première vue, d'appliquer cette dénomination aux sujets que nous examinons et qui offrent à peu près les caractères apparents de l'épizootie bovine qui ravage depuis longtemps nos contrées. Mais en poursuivant plus loin l'examen des malades et l'étude des symptômes, en auscultant et en percutant la poitrine, l'on s'aperçoit bien vite que cette cavité n'est pas le siége de l'affection; que le poumon respire dans toute son étendue, bien que l'air éprouve un peu de difficulté pour franchir les cellules multiples qui composent ce vaste appareil respiratoire ; la sonorité que l'on perçoit en outre dans la percussion des deux cavités pectorales ne permet pas non plus de s'égarer, et nous indique suffisamment qu'il faut chercher dans un autre appareil fonctionnel le trouble si grand constaté sur les animaux soumis à notre examen.

C'est en vue de demander à l'anatomie pathologique l'essence des symptômes d'une affection profonde dont ils ne sont que les objectifs, mais dont le siége certain, assuré, ne nous avait pas encore été révélé par l'inspection des organes, que nous fîmes, séance tenante, abattre l'une des deux bêtes. La plus atteinte, celle dont la plainte respiratoire était la plus accusée, fut naturellement désignée. Elle est immédiatement assommée puis saignée par la section des gros vaisseaux de la région trachélienne. Le sang, toujours d'une teinte très forcée, ne coule pas abondamment : il est noir, poisseux ; recueilli sur la peau de la main, ses globules, qui semblent s'être réunis et se grouper, forment de petits corps isolés très percevables ; reposé dans un verre, il s'est pris assez rapidement en un caillot noir homogène revêtant une légère teinte lie-de-vin.

L'ouverture de la cavité thoracique nous laisse apercevoir le poumon volumineux, d'une belle couleur rosée uniforme ; emphysémateux sans adhérence, il est souple dans toute son étendue et ne présente aucun point hépatisé ; sa partie supérieure laisse apercevoir une infiltration séreuse assez abondante qui se trouve située entre elle et le corps des vertèbres ; le cœur est remarquablement flasque et affaissé ; le ventricule gauche offre des taches ecchymotiques bien accusées, mais rien d'autre n'est à noter ici.

Dans l'abdomen, nous remarquons une teinte rouge de la membrane séreuse qui tapisse l'étendue du tube intestinal, mais cette teinte est beaucoup plus intense sur la partie qui revêt l'intestin grêle ; la base du mésentère présente une infiltration citrine assez abondante, et les veines mésentériques offrent une arborisation des plus remarquables ; le foie ne laisse rien apercevoir que sa vésicule fortement distendue et remplie d'une quantité considérable (un litre au moins) d'un liquide noir verdâtre ; la rate et les reins ne présentent rien à noter.

Le feuillet ou troisième estomac est dur et volumineux ; les aliments qu'il renferme entre ses lames multiples, sont durs et très desséchés, ils forment en quelque sorte, autant de tourteaux sur lesquels adhère l'épithélium de chacune des lames, ce qui met à nu cette partie membraneuse, qui offre une teinte rouge foncée et une arborisation remarquable.

La caillette ou quatrième estomac est surtout

la partie du vaste appareil digestif où se rencontrent les lésions les plus caractéristiques et les mieux accusées. Toute l'étendue de la surface interne est d'un rouge parfaitement nuancé, mais beaucoup plus foncé au sommet de ses duplicatures et vers la partie pylorique, là où se remarquent des vergetures très distinctes, et où des érosions nombreuses commencent à se manifester dans les duplicatures de la muqueuse. L'infiltration citrine, déjà signalée ailleurs, fait ici élection entre la muqueuse et la musculaire, l'épaisseur de cet épanchement peut avoir quelques centimètres en certains endroits. Toute la membrane interne qui tapisse l'étendue de l'intestin grêle présente les mêmes désordres : les glandes de Payer sont remarquablement hypertrophiées; tout le gros intestin est phlogosé, et nous rencontrons de nouveau vers le rectum, dans les mailles si abondantes du tissu cellulaire qui l'entoure, cette infiltration séreuse déjà signalée, et qui se trouve être ici dans d'assez grandes proportions. La coloration en rouge de la muqueuse de cette partie intestinale est aussi très marquée. Ajoutons que l'intestin grêle contient dans toute son étendue, une matière liquide noire d'une odeur tellement repoussante, que toutes les personnes présentes se sont spontanément retirées lors de son écoulement au dehors. La muqueuse de la vessie présente une belle arborisation prononcée surtout vers son cul de sac. La membrane vaginale et celle de l'utérus sont nuancées en rouge.

Tel est l'exposé rigoureux et très scrupuleux des faits que nous avons rencontrés et décrits avant de rien consulter sur cette épizootie, afin de ne pas nous laisser influencer par la similitude des lésions que nous venions d'observer avec celles décrites par les différents auteurs qui se sont occupés de cette vaste et importante question. Ce n'est donc qu'après cet examen que nous avons pu comparer, et acquérir la certitude que nous étions bien en présence d'un cas de typhus contagieux. Notons encore que pour ne rien négliger et mieux nous renseigner dans une question d'une si haute gravité, et sachant que M. Bouley avait été envoyé en mission en Angleterre pour étudier l'épizootie qui y régnait avec tant de fureur, nous lui écrivîmes à la date du 4 septembre, et nous reçûmes le 5 une dépêche conçue en ces termes : « Procurez-vous l'*Union médicale* du 2 septembre, tout est là. »

Eh bien ! c'est surtout alors qu'il nous a été possible de comparer les lésions décrites par le professeur d'Alfort, avec celles que nous avions rencontrées, que nous avons été frappé d'une ressemblance si grande qu'il ne nous était plus possible d'élever le moindre doute sur la justesse de notre appréciation. Les faits qui vont suivre confirmeront d'ailleurs trop pleinement cette conclusion pour qu'il soit possible de la mettre en doute.

A une distance très rapprochée (100 mètres environ) de la petite ferme de la veuve Liagre, se trouve celle du sieur Castel. Les vergers de ces deux fermes sont parallèles ; séparés seulement par une haie vive, les animaux qui y paissaient, pouvaient avoir des rapprochements multipliés : aussi la contagion ne tarda-t-elle pas à se manifester sur l'une des bêtes du sieur Castel, dont les premiers symptômes de la maladie se font apercevoir le 30 août.

A notre visite du 4 septembre, la bête de Castel, qui était séquestrée et qui avait été contagionnée par les animaux de la veuve Liagre, nous présente tous les symptômes que nous avons constatés chez ces derniers; ils sont même plus accusés. La bête que nous examinons nous parait être bien près de sa fin; et, dans cette situation, notre attention se porte plus particulièrement sur les autres animaux de l'étable qui avaient été au contact des infectés. Dans cet examen, nous ne remarquons aucun dérangement apparent dans la santé des animaux. Rien dans leur attitude extérieure ne peut faire soupçonner qu'ils sont sous la menace d'une maladie qui ne doit pas tarder à les atteindre.

Les deux animaux malades, l'un chez la veuve Liagre et l'autre chez Castel, qui avaient atteint la période ultime de l'affection, n'ont point été abattus, parce que nous désirions rencontrer chez eux les lésions qui nous seraient fournies par des animaux morts à la suite du typhus, pour les comparer avec celles rencontrées dans la bête abattue chez la veuve Liagre. Ces animaux sont donc complètement isolés. Nous verrons plus loin ce qu'ils sont devenus, et les conclusions qu'il sera possible de tirer d'un fait expérimental d'une certaine valeur.

A la rentrée de notre première visite à Wattrelos, un rapport circonstancié fut adressé à Monsieur le Préfet, qui s'empressa de le transmettre à Monsieur le Ministre de l'agriculture, du commerce et des travaux publics, le même jour, 4 septembre. C'est à la suite de cette communication que S. Exc. le ministre fit assembler la Commission des épizooties, que la question fut sérieusement examinée, et que fut présentée à la signature de l'Empereur l'ordonnance de la fermeture des frontières. Il fut en outre décidé que Monsieur Lecoq, inspecteur de l'enseignement vétérinaire de France, serait envoyé sur les lieux pour constater les faits observés à Wattrelos, et se diriger ensuite en Belgique et en Hollande, où s'étendait sa mission.

M. Lecoq arriva à Lille le 7 septembre. Je lui soumis les portions de caillette que j'avais conservées de la bête abattue chez la veuve Liagre; nous nous rendîmes le même jour à Wattrelos, où l'examen des bêtes malades, corroboré par les lésions de la bête abattue le 4, ne laissa aucun doute sur l'existence du typhus dans les deux fermes citées.

Le 8, nous retournons à Wattrelos avec M. Lecoq, et cette fois en compagnie de nos collègues Chieus, Ansart et de mon neveu Georges Pommeret. Le nouvel examen que nous fîmes des animaux de la ferme Castel nous mit à même de constater : que la bête chez laquelle la maladie avait débuté, et qui avait été contagionnée par les animaux de la ferme Liagre, était dans un état très alarmant. Cependant, le propriétaire nous dit qu'elle avait bu un peu, et que, dans son appréciation, elle lui paraissait moins mal que la veille. Nous examinâmes les autres animaux de l'étable avec beaucoup d'attention, et nous en fîmes sortir deux bêtes que la coloration des muqueuses nous fit considérer comme suspectes. Nous les fîmes isoler par mesure de précaution, car les symptômes de la maladie n'étaient que faiblement accusés. Les autres animaux ne nous ont rien présenté ce jour qui dût être noté.

Ainsi que nous venons de le dire, cette visite eut lieu le 8, et comme la bête contagionnée la première était au plus mal en ce moment, il fut recommandé au sieur Castel de nous informer de la mort de cette bête aussitôt qu'elle arriverait, ce qui, dans notre pensée commune, ne pouvait tarder.

Je fus donc étonné quand, le dimanche 10, l'on vînt, le matin de bonne heure, m'annoncer qu'une bête était morte dans la nuit, et que, contrairement à nos prévisions, ce n'était pas celle dont nous attendions la mort le vendredi, mais bien l'une des deux bêtes sorties préventivement de l'étable commune, alors que seulement quelques faibles symptômes avaient été remarqués.

Nous nous rendîmes immédiatement à Wattrelos pour procéder à l'autopsie de cette bête morte dans la nuit, et qui nous a offert les lésions très caractéristiques suivantes :

Cavité thoracique—poumons très volumineux, d'une belle nuance rosée uniforme ; emphysémateux mais souples, et n'offrant aucune induration ; le péricarde ne contient qu'une faible quantité de liquide ; le cœur est déprimé, flasque et amoindri ; l'intérieur des oreillettes ne présente rien d'anormal, mais le ventricule gauche laisse apercevoir des taches ecchymotiques nombreuses intéressant l'épaisseur de la membrane.

Dans la cavité abdominale résident des désordres très remarquables, et l'on s'étonne d'en rencontrer de semblables chez une bête qui, l'avant-veille, avait été sortie de l'étable par mesure de précaution seulement. Nous insistons en passant sur cette particularité pour faire remarquer combien le typhus est variable dans ses périodes d'évolution, et combien son incubation peut également varier dans certaines circonstances. Tantôt lent à se manifester, et d'autres fois revêtant un caractère foudroyant qui tue en quelques 24 heures.

Le feuillet ou troisième estomac est énorme. Il renferme entre ses lames des aliments durs, desséchés, et lorsqu'on les enlève, l'epithélium reste adhérent au gâteau alimentaire de sorte que la membrane, dépouillée de sa première couche, laisse apercevoir une arborisation rouge foncée des plus remarquables.

La caillette ou quatrième estomac ne présente à l'extérieur qu'une teinte rouge, plus foncée çà et là dans quelques-unes de ses parties. La surface muqueuse de ce viscère revêt également une teinte foncée, mais plus accusée au sommet de ses duplicatures, où elle se rapproche sensiblement de la nuance acajou par laquelle l'a si bien caractérisée M. Bouley ; des ulcérations multiples, rondes et profondes, qui semblent être creusées dans l'épaisseur de la membrane, et y avoir été faites à l'emporte-pièce, se remarquent dans toute l'étendue de cette membrane qui semble, lorsqu'on l'étale, avoir rempli l'office d'une cible.

Dans l'intestin grêle, qui ne contient que des

matières liquides, la muqueuse reflète une teinte
rouge marbrée ; l'injection est générale et les
ulcérations de même forme que celles observées
dans la caillette, mais ici moins nombreuses et
moins développées, se rencontrent sur la muqueuse qui tapisse les premières parties de ce
canal; les glandes de Payer sont hypertrophiées;
elles forment des surfaces élevées très distinctes
que les cellules qui les composent ont avec beaucoup de vérité, fait désigner sous le nom de
plaques gaufrées.

Le gros intestin est partout phlogosé ; sa muqueuse présente les traces d'une vive inflammation. La rate, le foie et les reins sont sains ; la
vésicule biliaire est volumineuse, elle ne contient pas moins d'un litre de liquide ; le fond de
son sac présente quelques vergetures que l'on
rencontre également dans la vessie, trouvée dans
un état complet de vacuité.

La muqueuse vaginale et celle de l'utérus,
sont fortement nuancées en rouge plus ou moins
foncé, mais aucun autre désordre n'est à noter
dans ce sujet qui nous a présenté des lésions
très caractéristiques et ne permettant pas le
moindre doute sur l'existence du typhus contagieux auquel il a succombé.

A partir de cette première bouffée, la maladie
paraît être enrayée; l'étable du sieur Castel
semble rester dans un état stationnaire satisfai-

sant, et nous pensions en être quitte pour les quelques cas bien accusés chez les animaux morts ou abattus, mais notre espoir ne se confirma pas ; là ne devaient pas se borner les sacrifices dans la commune de Wattrelos.

En effet, le vendredi 22, quelques bêtes de l'étable Castel se plaignent, elles laissent le manger, et leur attitude fait craindre qu'elles ne soient contaminées ; la maladie paraît s'attaquer aux bêtes qui jusque là en avaient été épargnées. Je fus informé de cette circonstance, et je me rendis de nouveau à Wattrelos le lendemain 23. J'examinai attentivement les bêtes qui restaient dans l'étable, et il me fut facile de reconnaître qu'elles étaient bien évidemment atteintes de l'affection régnante, à des degrés différents il est vrai, mais à ne point laisser le moindre doute.

En présence de ce fait si confirmatif de l'affection typhique dans l'étable du sieur Castel et de l'exigence des prescriptions administratives, il n'était plus possible de temporiser. L'abattage de toute l'étable fut donc décidé, et un commencement d'exécution eut lieu séance tenante, en présence de MM. Chieus, Ansart et Pollet, médecins vétérinaires à Roubaix, Tourcoing et Lille. M. le commissaire de police de Roubaix était aussi présent à cette triste opération, ainsi qu'une foule considérable de la population, accourue pour être témoin de ce carnage. Quatre bêtes furent sacrifiées ce même jour, les quatre autres qui restaient le furent le lendemain.

L'ouverture de tous ces animaux a été faite avec beaucoup de soins. Quelques uns ont présenté des lésions très accusées, les autres l'étaient moins, mais ce qu'il y a de particulier à noter, c'est que l'intensité des lésions rencontrées n'était pas toujours en raison de l'acuité des symptômes observés pendant la vie.

Depuis cette époque, aucun autre animal suspect ne s'est plus fait remarquer dans la commune de Wattrelos, et l'on peut à bon droit s'applaudir de l'énergie déployée dans l'application des mesures, auxquelles on doit incontestablement, ici comme partout où la maladie s'est présentée, d'en avoir arrêté la marche, et les désastres qui en ont été la triste conséquence, là où ces sages prescriptions ont été négligées.

Nous avons interverti l'ordre des faits pour suivre la relation de tout ce qui se rattachait à la présence du typhus dans la commune de Wattrelos, afin d'en rendre le tableau plus saisissant. Nous allons maintenant examiner la marche de la maladie à Pont-à-Marcq et dans l'arrondissement de Douai, où elle s'est présentée, et où nous l'avons suivie avec notre collègue et ami Delplanque, de Douai.

A la date du 17 septembre, je reçus un avis officieux m'informant que l'épizootie paraissait avoir fait irruption dans les communes de Gœulzin et de Férin, de l'arrondissement de Douai. Ce même jour M. le Maire de Pont-à-Marcq donnait également avis à la préfecture, qu'une bête de sa commune paraissait atteinte de l'affection régnante.

Je m'empressai de télégraphier à Douai pour savoir de notre honorable confrère Delplanque, s'il avait été informé des bruits arrivés jusqu'à nous. Notre confrère se rendit immédiatement à Lille pour m'entretenir de ce qu'il savait déjà concernant ce sujet.

C'est pendant la présence de M. Delplanque chez moi que je fus informé des craintes de Pont-à-Marcq, et nous convînmes de nous rendre sur les lieux, le lendemain 18, pour nous renseigner sur la valeur des appréhensions de M. le maire de cette commune. Nous nous sommes ensuite rendus à Gœulzin et Férin ; mais notre confrère Delplanque s'étant déjà acquitté avec sa lucidité ordinaire de l'exposé et de la marche du typhus dans l'arrondissement de Douai, nous nous renfermerons ici dans le seul fait relatif à Pont-à-Marcq.

A notre arrivée dans cette commune, nous eûmes l'heureuse occasion de rencontrer M. Demesmay, le modeste savant que l'on trouve toujours sur la brèche alors qu'il s'agit de défendre les intérêts agricoles menacés ; nous l'invitâmes à être témoin de ce que nous allions rencontrer dans l'étable du sieur Deleville où M. le maire nous accompagna, et où se rendit également M. Despretz, l'officier de santé de l'endroit.

Nous apprenons chez le sieur Deleville que la bête, sujet de notre démarche, était morte pendant la nuit. Nous la trouvons dans un lieu écarté de la ferme où elle avait été reléguée, et nous faisons procéder à l'autopsie pour chercher la cause de la mort, les caractères extérieurs observés sur le cadavre ne pouvant être que d'une valeur relative, mais très insuffisante.

Avant de passer à la description des lésions rencontrées, disons un mot sur la provenance de cette bête et sur les circonstances qui l'ont entourée chez le sieur Deleville.

Cette bête et une autre qui l'accompagne ont été achetées le 21 août. Elles proviennent du marché de Seclin, où les a achetées le sieur Cérisié, marchand de bestiaux. Artésiennes ou picardes, elles sont de robes foncées, et portent des fers aux pieds, ce qui indique qu'elles sont d'une provenance plus ou moins éloignée, et qu'elles ont voyagé à pied.

L'une des deux bêtes, celle dont nous nous occupons, a mis bas chez le sieur Delville, le 2 septembre ; la parturition s'est faite dans de bonnes conditions, sa santé ne paraît pas dérangée jusqu'au 14, époque à laquelle elle tombe

malade sans que cette maladie reçoive de désignation déterminée par les personnes appelées
à la traiter. La mort arrive dans la nuit du 17
au 18 septembre, 28 jours après son arrivée dans
la ferme, 16 jours après sa mise bas, et 4 jours
après l'apparition des premiers symptômes de
la maladie qui l'enlève. Voyons maintenant
quelles sont les lésions rencontrées et les déductions qu'il est possible d'en tirer.

L'examen attentif de la cavité thoracique ne
nous dévoile rien à noter : tous les désordres se
concentrent dans l'appareil digestif.

Le feuillet contient des aliments sous forme
de purée ; les lames dont se compose cet organe
présentent une arborisation très caractérisée.

La muqueuse de la caillette revêt, dans toute
son étendue, une teinte d'un rouge foncé, mais
beaucoup plus accusée vers le sommet des duplicatures de cette membrane ; la muqueuse intestinale, surtout vers les premières parties de l'intestin grêle, revêt la même nuance; quelques érosions très caractéristiques se font remarquer en
cet endroit, ce qui fit dire à M. l'officier de santé :
que ces caractères étaient bien évidemment les
mêmes que ceux rencontrés dans l'espèce humaine chez les sujets ayant succombé aux suites
d'affections typhoïdes. Toutes les autres parties
de l'intestin sont phlogosées ; le foie, la rate et
les reins ne présentent aucune particularité. La

membrane vaginale est d'un rouge violacé, et la muqueuse utérine, rouge dans quelques-unes de ses parties, n'offre cependant rien d'anormal chez une bête dont la parturition est encore si récente.

D'après les lésions que nous venons de décrire et leur rapprochement si grand, si intime avec celles que nous venions de constater à Wattrelos, et surtout en l'absence complète d'aucune autre affection qui ait pu occasionner la mort de cette bête, nous nous crûmes pleinement autorisé à conclure qu'elle avait bien succombé aux suites du typhus contagieux.

Ainsi que nous l'avons déjà dit, cette bête a été achetée en compagnie d'une autre vache avec laquelle elle a constamment été en contact. Nous avons donc examiné cette dernière avec beaucoup d'attention et, bien qu'elle ne nous offrit qu'une teinte plus foncée des muqueuses, nous la fîmes sortir de l'étable pour obéir à une prudente réserve que commandaient les circonstances dont nous nous trouvions entourés.

Le rapport qui suivit cet examen fût adressé à Monsieur le Préfet, qui le transmit à Son Excellence M. le Ministre de l'agriculture du commerce et des travaux publics, et l'administration ainsi que le vétérinaire, furent blâmés de la tiédeur et des ménagements apportés dans l'application si précise des termes de l'arrêté ministériel. Ordre fût donc donné de faire abattre immédiatement tous les animaux de l'étable dans laquelle avait cohabité la bête reconnue atteinte du typhus.

Nous bornerons là les faits concernant la relation du passage de l'épizootie dans notre département ; notre collègue Delplanque ayant déjà fait connaître avec détails et concision, ceux de Gœulzin, Férin et Lécluse, il ne serait pas possible de toucher à la description qu'il en a faite sans en altérer le tableau et l'amoindrir. Néanmoins, nous ferons un retour vers le point initial de la maladie qui a eu lieu à Wattrelos pour indiquer quelques particularités qui se rattachent d'une manière intéressante à la grande question du typhus sur laquelle tout n'a point encore été dit. Nous examinerons également l'appréciation peu charitable de quelques uns de nos collègues qui se sont insurgés en termes peu bienveillants contre ceux qui ont la certitude d'avoir rencontré le typhus et qui ne craignent pas de s'attribuer une part dans les mesures qui en ont préservé la France si entourée par le fléau destructeur. Nous croyons d'ailleurs avoir rendu plus de service à notre pays que ceux qui voulaient engager les populations agricoles dans la voie désastreuse suivie en Angleterre, et dont nos voisins subissent aujourd'hui encore, les bien tristes conséquences.

A Wattrelos, nous avons eu l'occasion de constater le rétablissement de deux vaches arri-

vées à la période ultime de la maladie, et dont la
mort était attendue d'un moment à l'autre. Nous
ne les fîmes pas abattre, parce que nous espérions
constater les lésions les plus avancées que nous
comptions rencontrer chez des sujets ayant succombé aux suites de l'affection, mais ceux-ci ne
nous ont pas donné la preuve que nous attendions
d'eux, puisqu'ils se sont complétement rétablis.
Ajoutons que, contrairement à ce qu'il aurait
été rationel de supposer sur des animaux si épui-
sés, leur rétablissement s'est opéré très rapidement, ce qui contraste singulièrement avec
la marche ordinairement suivie dans la convalescence de ceux qui se rétablissent de la pleuro-
pneumonie exsudative. Ces deux animaux nous
ont donc fourni l'occasion de constater que l'on
pourrait dans certaines circonstances, et dans de
bonnes et rigoureuses conditions d'isolement,
se dispenser d'abattre ceux non encore infectés,
quoiqu'ayant subi le contact des animaux malades. Disons encore : qu'une bête hollandaise
qui a constamment cohabité avec la bête si malade, est restée réfractaire, et n'a jamais donné
aucun signe de l'affection.

Ainsi, à Wattrelos, l'expérience tant demandée et à laquelle M. Lenglen attache une si haute
importance, a reçu une consécration complète,
absolue, non contestable. La transmission de la
maladie des animaux infectés aux animaux sains ;
la méthode expectante à l'égard de quelques-uns
des plus atteints, et leur complet rétablissement.

Cette expérience qui s'est faite si naturellement à Wattrelos est tout un enseignement, et
peut avoir une portée bien grande dans les nouvelles décisions qui pourraient être prises concernant les épizooties et les modifications à introduire dans la législation, dont les rigueurs,
pour être parfois justifiées par l'imminence du
danger, doivent cependant, dans beaucoup
d'autres circonstances, subir de notables et bien
sérieuses modifications que nous appelons de
tous nos vœux.

Nous avons déjà fait connaître dans le cours
de ce travail, les oppositions que quelques-uns
de nos confrères avaient cru devoir nous adresser;
et, bien qu'il nous répugne de revenir sur un
pareil sujet, parce que la considération vétérinaire ne peut recevoir que des atteintes de nos
dissidences, nous ne pouvons cependant nous
en dispenser, car on nous a attaqués vigoureuse-
ment, et nous avons répondu par des faits que
personne en bonne conscien ce ne s'avisera de
contester, si ce n'est M. Lenglen, qui veut bien
nous concéder comme vrais et possibles les faits
de Wattrelos, mais qui n'accepte pas les autres,
car, dit notre collègue d'Arras, notre correspondance nous autorise à croire que dans les
environs de Roubaix, à Wattrelos, plusieurs animaux sont morts de cette maladie, ou ont été
abattus alors qu'ils étaient soupçonnés d'en être
affectés.

D'après ces quelques lignes, on conviendra qu'il faut que notre contradicteur ait une confiance bien grande en ses correspondants quels qu'ils soient, pour les croire sur parole, tandis qu'il émet des doutes si accentués contre ses confrères malgré les preuves si précises et si affirmatives qu'ils lui ont données, ce qui assurément, est bien peu flatteur pour eux. — Pourquoi, d'ailleurs, M. Lenglen accepte-t-il comme vraie la présence du typhus à Wattrelos, et la repousse-t-il si cavalièrement partout ailleurs ? M. Lenglen se croit-il donc seul capable de discerner le doute ici et la vérité là-bas, puisqu'il ne craint pas d'affirmer que ses collègues, qui ont cependant vu des symptômes et des lésions très caractéristiques, et n'appartenant à aucun autre genre d'affection, sur les animaux de Wattrelos, se sont grossièrement trompés ailleurs, quoiqu'ayant encore dans la pensée le tableau si complet de la maladie qu'ils venaient d'étudier avec un soin si minutieux. Nous sommes donc bien écoliers aux yeux de M. Lenglen pour qu'il nous traite avec un tel sans-façon !

Ainsi, les faits sont acceptés à Wattrelos, mais beaucoup de bruit s'est produit autour des autres. A Pont-à-Marcq, par exemple, dont je vais seulement m'occuper, les autres ayant été victorieusement combattus par notre estimable secrétaire, on a soutenu cette thèse : Que la bête morte dans l'étable du sieur Deleville, avait succombé aux suites de la fièvre vitulaire; qu'aucune autre bête de cette même étable n'a été atteinte, ce qui est contraire à tous les précédents, en raison du caractère si contagieux du typhus. Une protestation énergiquement appuyée par un député du Nord, des conseillers généraux, d'arrondissement et autres, a même été adressée à M. le Ministre de l'agriculture, du commerce et des travaux publics, pour réclamer une indemnité complète, ce que nous approuvons sans réserve; mais ce que nous trouvons exhorbitant, c'est qu'on n'ait pas craint, pour rendre plus intéressante la position du réclamant, de taper dru et ferme sur les vétérinaires, qui auraient commis des erreurs dont on demande une éclatante réparation.

Le dossier de cette grosse affaire a été renvoyé à M. le Préfet du Nord, qui nous l'a transmis pour renseignements, et nous complèterons l'historique du typhus dans notre département par la réponse que nous avons adressée à S. Exc. M. le Ministre, qui désirait des éclaircissements sur cette question. Voici cette réponse :

« Monsieur le Préfet,

« Je m'empresse de répondre à la communication que vous m'avez fait l'honneur de m'adresser concernant la réclamation que le sieur Deleville, cultivateur à Pont-à-Marcq, a adressée à M. le Ministre de l'agriculture.

On paraît donner à cette affaire de bien grandes proportions, et pour la rendre plus intéressante, on ne craint pas d'accuser le savoir et l'honorabilité du vétérinaire de l'administration; il m'étonne même qu'on ne l'appelle pas en dommages-intérêts, pour réparation d'une erreur qui a causé un préjudice si grand au sieur Deleville.

Voyons donc à quoi se réduit cette argumentation tapageuse, dont on aurait pu éviter l'exagération sans compromettre en rien le succès de la demande en faveur du pétitionnaire.

Informée par M. le Maire de Pont-à-Marcq qu'une bête était dangereusement malade dans les étables du sieur Deleville, l'administration nous délégua pour aller constater les faits et lui adresser notre rapport.

Nous nous rendîmes à Pont-à-Marcq le 18 septembre; mon collègue, M. Delplanque, médecin-vétérinaire de l'arrondissement de Douai, que j'avais avisé de ce qui se passait non loin de chez lui, se rendit avec empressement à mon appel; M. Demesmay, l'homme émérite, comme le dit M. des Rotours dans une lettre particulière adressée au Ministre, passait à Pont-à-Marcq, et nous eûmes le bonheur de le rencontrer pour le rendre témoin de ce que nous allions constater; M. le Maire de la commune et M. Depretz, officier de santé de l'endroit, s'étaient aussi joints à nous pour assister à l'autopsie à laquelle nous allions procéder.

A notre arrivée chez M. Deleville, nous apprîmes que la bête était morte pendant la nuit. Nous la trouvâmes dans un lieu écarté de la ferme où elle avait été reléguée. Nous fîmes chercher un boucher pour procéder à l'autopsie et demander aux organes la cause de la mort, les symptômes extérieurs observés sur le cadavre ne pouvant être que d'une valeur relative, mais très insuffisante.

L'examen de la cavité thoracique ne nous dévoile rien à noter ; tous les désordres se font remarquer dans les organes digestifs ; la caillette surtout est le siége d'une violente inflammation ainsi que les premières portions de l'intestin grêle, et c'est à l'occasion d'une portion détachée de cet intestin, et que M. l'officier de santé examinait avec un soin minutieux, qu'il nous dit, à M. Demesmay, à mon collègue Delplanque et à moi : « Voilà bien, Messieurs, les lésions que » nous rencontrons invariablement dans l'espèce » humaine, chez les sujets qui ont succombé à » la suite d'*affection typhoïde*. » Il nous étonne donc singulièrement de rencontrer au bas de la protestation de M. Deleville l'étrange déclaration de M. Depretz : que les faits relatés sont l'expression de la vérité. Quelle vérité ? que la bête n'était pas atteinte du typhus, puisque la réclamation élève cette prétention ? Assurément non. L'attestation de M. Despretz ne peut s'étendre qu'à la relation des faits dont il a été témoin dans la ferme Deleville : une bête morte et l'abattage des autres, attestation donnée sans doute pour arriver à l'obtention d'une indemnité plus large que celle accordée, mais non pour protester contre ce qu'il avait lui-même si bien constaté.

Quant à l'erreur qu'on nous prête si gratuitement, voyous donc quels en sont les éléments.

Nous sommes loin de contester que la génération actuelle, à part quelques rares exceptions, ait été à même d'avoir eu l'occasion de constater le typhus contagieux. Cette observation, que nous avons déjà produite, peut s'appliquer également à MM. Lecoq, Bouley et Raynal, envoyés cependant en mission sur les différents théâtres où règne le typhus ; aussi, nous sommes-nous attachés avec un soin scrupuleux à étudier cette affection sur les cas si bien caractérisés qui se sont produits à Wattrelos, et cela en présence de M. Lecoq, inspecteur de l'enseignement vétérinaire, de MM. Chieus, vétérinaire à Roubaix, Ansart, vétérinaire à Tourcoing, Pollet, Georges Pommeret, mon neveu, et moi, vétérinaires à Lille. Eh bien ! nous affirmons qu'à la suite de cette étude approfondie et minutieuse, l erreur pour nous n'est pas possible, et c'est par application des faits qui nous étaient encore si présents à l'esprit, que nous avons prononcé en toute connaissance de cause et sans crainte de nous égarer : *que la bête trouvée morte dans la ferme de M. Deleville avait bien évidemment succombé aux suites du typhus contagieux.* C'est pourquoi nous fîmes mettre à l'écart la bête qui était de même provenance, jusqu'à ce qu'il en soit autrement décidé.

Un rapport sur cette visite à la ferme Deleville fut adressé à M. le Préfet; communication en fut immédiatement faite à M. le Ministre, qui réprimanda vivement l'administration et le vétérinaire sur la mollesse avec laquelle on avait procédé; que puisqu'il avait été constaté qu'une bête était morte du typhus dans l'étable de Pont-à-Marcq, tous les animaux qui en avaient subi le contact devaient être immédiatement abattus, que l'on devait rigoureusement se renfermer dans les termes si précis de son arrêté sur ce sujet.

C'est à la suite de cette injonction que l'ordre fût donné par l'autorité, de faire abattre toute l'étable. Ce n'est donc pas le vétérinaire; celui ci s'est bien rendu sur les lieux, mais pour faire l'estimation préalable à l'abattage et pour constater si les parties en provenant pourraient être livrées à la consommation; mais là s'est bornée notre mission dans cette affaire. Quant à la bête qui avait une origine commune avec celle morte du typhus, et qui avait été séquestrée lors de notre première visite, son état nous ayant laissé quelques doutes, nous ne crûmes pas prudent de la laisser livrer à la consommation. Elle fut donc enfouie pour ne pas encourir le moindre reproche, le moindre blâme. Nous nous sommes, en cette circonstance, rigoureusement renfermé dans les prescriptions de l'autorité.

En résumé, Monsieur le Préfet, une bête a été trouvée morte le 18 septembre dans la ferme Deléville; l'autopsie présente les lésions caractéristiques du *typhus contagieux* : elle est enfouie.

Une seconde bête de la même provenance et qui avait constamment subi le contact de la précédente, laisse quelques doutes, et pour nous conformer aux prescriptions, elle est également abattue et enfouie le 22 du même mois;

Cinq autres bêtes qui s'étaient trouvées dans l'étable commune et en contact avec celles enfouies, ont aussi été abattues. Celles-ci ne présentent aucun signe qui puisse les faire suspecter d'être atteintes de la maladie : les organes sont sains, les chairs sont belles, elles sont livrées à la consommation avec les précautions indiquées dans notre rapport du 25 septembre.

Voilà l'état exact de ce qui s'est passé dans la ferme Deléville.

Si l'on reprend maintenant les termes de la

réclamation que je trouve fondée sous le rapport de l'insuffisance de l'indemnité, l'on verra quelle valeur il est possible de leur accorder.

Le vétérinaire de l'administration s'est trompé, dit-on; il a été constaté par M. Demesmay, homme émérite, et par l'officier de santé, M. Depretz de Pont-à-Marcq, que la bête trouvée morte n'était pas atteinte du typhus; que la rumeur publique peut témoigner de ces faits attestés également par MM. Des Rotours député, Desmoutiers, conseiller général, et Vallois conseiller d'arrondissement; que le vétérinaire a confondu les lésions rencontrées avec celles communes à beaucoup d'autres maladies, et entre autres à la fièvre vitulaire, à laquelle la bête paraît avoir succombé.

Et d'abord, M. Demesmay n'a rien attesté; il a été présent à l'autopsie, mais quoiqu'ayant vu, il décline complétement sa compétence en la matière; aussi, s'est-il gardé d'apposer son apostille comme l'ont si légèrement fait ceux qui n'ont rien vu. Quant à M. l'officier de santé, nous avons déjà fait la part de son appréciation, qui est contraire aux conclusions qu'on en veut tirer; j'en appelle à M. Demesmay et à notre collègue Delplanque, dont les témoignages ont bien plus de valeur que ceux répandus si inconsidérément.

Ainsi, deux vétérinaires qui ont fait des études spéciales, qui sont honorés de la confiance de l'administration , qui ont eu l'occasion de rencontrer et de faire une étude attentive et minutieuse sur les animaux de Wattrelos, ont commis une erreur grossière ; et, quels sont ceux qui avancent de pareils faits ? c'est M. le député Des Rotours, qui n'a pas mis le pied dans la ferme Deleville ; MM. Desmoutiers et Vallois qui s'en sont également tenus à distance.

Mais, dit-on encore, la bête a été achetée en compagnie d'une autre au marché de Seclin ; elles étaient ferrées, ce qui indique suffisamment qu'elles ne provenaient pas de la Belgique et qu'elles ne devaient conséquemment pas être atteintes du typhus, parce que les nombreux points de contact qu'elles ont eus , auraient dû faire éclater la maladie sur une grande échelle.

Ces arguments ne sont d'aucune valeur. A Wattrelos, une seule bête venue de Hollande, a communiqué la maladie dans deux fermes ; mais cette bête n'est pas venue seule en France ; il est bien certain qu'elle est partie de Malines en compagnie d'au moins 30 à 40 bêtes destinées aux étables du département du Nord, et cependant nulle part ailleurs qu'à Wattrelos, la maladie n'a été signalée comme provenant de bêtes hollandaises. Pourquoi donc veut-on qu'il n'en soit pas de même des animaux d'une autre provenance ?

Quant à la maladie vitulaire dont on veut faire

mourir la vache de Pont-à-Marcq, je dirai aux
savants qui se sont occupés à battre le rappel
dans cette affaire, qu'il me paraît bien incroyable
qu'une bête qui a mis bas le 2 septembre, ne
contracte cette maladie que le 14, douze jours
après la mise bas ; que d'ailleurs, les mamelles
de la bête morte étaient flasques, mollasses et
entièrement sèches, ce qui ne se remarque pas
dans la fièvre vitulaire, où les veines mammaires
et les canaux lactifères sont emplis d'un mélange
de sang et de lait ; que la matrice que nous avons
explorée avec soin, ne présentait qu'un peu de
rougeur sans sanie ni odeur, il n'était donc pas
possible de voir là le moindre indice qui ait pu
révéler cette affection. A cette époque d'ailleurs,
il n'était pas venu à la pensée des gens de la
ferme ni de ceux qui avaient traité la bête,
qu'elle fût atteinte d'une affection qui se révèle
par des caractères très connus et très appré-
ciables.

Que voyons-nous donc dans tout cela ? nous
voyons les hommes du lendemain, et c'est parce
que les moyens énergiques qui ont été employés
ont eu un plein succès, que toute crainte paraît
aujourd'hui conjurée, que l'on se récrie sur la
rigueur des mesures employées, sur l'envahissement de la fortune publique, sur l'abus du
pouvoir faisant sacrifier, dans l'intérêt général,
toutes les étables dans lesquelles le moindre
soupçon du typhus aurait plané ; qu'égarés par

l'approche d'un danger imaginaire, les autorités, les vétérinaires ne voyaient partout que typhus, et ont commis de la sorte, des erreurs graves qu'il importe de réparer.

Eh bien ! nous demandons à notre tour , si malgré l'énergie des mesures prises, le typhus se fût néanmoins propagé, les hommes du lendemain n'auraient-ils pas également protesté et réclamé contre l'insuffisance des moyens préventifs, contre l'incurie des vétérinaires qui n'auraient su rien faire, rien prévoir, pour épargner au pays un fléau si menaçant, quand surtout l'Angleterre nous donnait le triste exemple des malheurs qui peuvent résulter de l'atermoiement et de la négligence des mesures énergiques dont on aurait dû disposer dans l'intérêt général, seul moyen de salut possible pour préserver la richesse nationale.

Quant à nous qui ne faisons pas partie de ces hommes du lendemain, nous ne craignons pas d'assumer la responsabilité et les conséquences des mesures que nous avons provoquées, nous en revendiquons même l'honneur, et croyons avoir rendu plus de services à notre pays que ceux qui cherchent à nous entamer, et dont nous n'acceptons pas le brevet d'incapacité qu'ils voudraient nous faire décerner. Tout notre passé est là d'ailleurs qui répond de nos actes, et les éclaboussures insidieuses et malveillantes n'y feront rien, de quelque hauteur qu'elles descendent.

Qu'on se pénètre donc bien que dans une affection si grave, les moyens de propagation sont si multipliés, si bizarres et encore si inconnus, qu'il n'avait pas été donné de prévoir que deux gazelles importées d'Angleterre au jardin d'acclimatation de Paris, y amèneraient la contagion en s'attaquant aux richesses accumulées dans les différentes tribus de cet établissement. On ne doit donc pas marchander les moyens de sauvetage pour combattre un fléau aux formes si insidieuses, aux communications si variées, si faciles ; il ne faut pas craindre de frapper et de pratiquer les mesures les plus rigoureuses, alors même que le doute existe, afin de préserver la fortune publique d'un désastre certain, quand la temporisation permet au mal de s'enraciner et de ne plus compter ses victimes.

Ces considérations exposées, nous nous joignons à ceux dont les intentions bienveillantes ont réclamé une plus large part à l'indemnité, et nous espérons que M. le Ministre prenant en considération les motifs qui lui sont exposés concernant les quelques étables qui ont dû être sacrifiées dans l'intérêt de la chose publique, ne voudra pas en faire peser le lourd fardeau sur ceux que le sort a malheureusement atteints. »

A la suite de cette communication, M. le Ministre nous adressa, par la voie préfectorale, les lignes suivantes que nous tenons à reproduire :

« A l'occasion du typhus, m'écrit M. le Préfet à la date du 29 janvier dernier, M. le Ministre m'accuse réception de votre rapport concernant la réclamation de M. Deleville, de Pont-à-Marcq, et me charge de vous en exprimer sa satisfaction et ses remerciements. La question que soulève cette réclamation est à l'étude. »

Ces éloges nous sont une compensation bien grande des critiques que nous avons essuyées, et maintenant que nous avons exposé, dans tous ses détails, l'apparition du typhus dans notre département, nous laissons à nos collègues le soin de décider de quel côté est l'erreur, de quel côté est la vérité.

Lille, 28 février 1866.

A. POMMERET.

XXXI

Le typhus à Eperlecques.

M. Leroy, vétérinaire à Saint-Omer, s'étant trouvé dans l'impossibilité de nous faire parvenir en temps utile son rapport général sur les cas de typhus qu'il a observés en assez grand nombre à Eperlecques, nous avons été forcés, à notre grand regret, de remettre à une époque ultérieure la publication de ce document, qui doit compléter l'histoire de l'invasion, si heureusement limitée, de la peste bovine dans le nord de la France.

Nous nous bornerons, quant à présent, à tracer, d'après les notes qui nous ont été transmises par M. Leroy, un court historique de l'épizootie d'Eperlecques.

Le 26 août 1865, MM. Colin frères, cultivateurs à Eperlecques, recevaient d'Angleterre deux veaux, mâle et femelle, de la race de durham, âgés de trois à quatre jours.

Le 2 septembre, l'un de ces veaux, le mâle, mourait après une maladie de courte durée.

Un veau âgé de deux mois et demi, élevé

chez MM. Colin, et qui avait été en contact avec le veau anglais mort le 2, tombe malade à son tour, et meurt le 13 septembre.

Ces deux veaux, pendant leur maladie, n'ont été vus par aucun vétérinaire ; l'autopsie n'a pas été faite ; les renseignements manquent donc sur la véritable nature de l'affection à laquelle ils ont succombé, affection que MM. Colin ont affirmé plus tard avoir présenté une identité complète avec celle qui, sur d'autres animaux, a été reconnue être véritablement le typhus.

Quoiqu'il en soit, quelques jours après, le 19 septembre, une vache tombe malade dans une pâture voisine, appartenant au sieur Lamps ; elle est abattue le même jour et reconnue atteinte de la peste bovine. A la même date, une vache, appartenant au sieur Talleux, tombe malade à son tour ; elle meurt le jour même ; l'autopsie démontre aussi l'existence du typhus.

Le 22 septembre, trois nouveaux cas se déclarent : sur une vache de 7 ans, et une génisse de 2 ans, chez le sieur Guilbert Jean-Baptiste, et sur un veau de 2 mois et demi, chez Lamps. Le veau meurt le même jour, 22 septembre, la vache est sacrifiée le 24, et la génisse guérit après sept jours de maladie.

Le 24, le sieur Lamps voit encore l'épizootie atteindre deux de ses animaux : un veau de six semaines, qui meurt dans les 24 heures, et une vache de 7 ans, qui est abattue le 29. Le même jour, chez le sieur Louffe le typhus se déclare sur une vache de 3 ans, qui se rétablit au bout de cinq ou six jours.

Le 29, une deuxième vache est atteinte chez Guilbert, Jean-Baptiste; elle est abattue le 30.

Le 2 octobre, une vache tombe malade chez le sieur Guilbert, Alexandre.

Le 4, la même chose arrive chez le sieur Clay, Hippolyte; ces deux bêtes sont sacrifiées le 5 octobre.

Le 6, le typhus envahit deux nouvelles étables, celles du sieur Plumaert, Séraphin, et Denis, Louis. — Les deux vaches atteintes sont abattues le lendemain.

Le sieur Dallongeville, François, déclare le 7 qu'une de ses vaches est affectée de la maladie régnante; cette bête est abattue le 8.

Onze jours s'écoulent sans qu'aucun nouveau cas se présente, mais au moment où on pouvait croire que le danger était passé, un propriétaire resté jusque-là indemne, le sieur Roëlls, Clément, voit tomber malade, le 18, une de ses vaches, qui se rétablit en 5 jours.

Le 24, une deuxième vache de la même pâture est atteinte; elle est sacrifiée le 27.

Deux nouveaux cas se déclarent peu de jours

après chez Roëlls ; c'est d'abord, le 31 octobre, un veau de deux mois, en second lieu, le 1ᵉʳ novembre, une vache de 5 ans ; ces deux animaux sont enlevés en moins de 24 heures.

Enfin, le 4 novembre, le sieur Plumaert voit encore le typhus attaquer chez lui un veau de dix mois, qui est abattu le 5.

Le nombre des animaux atteints à Eperlecques s'élève donc en totalité à 22, parmi lesquels 7 sont morts, 12 ont été sacrifiés, et 3 se sont rétablis assez rapidement.

Les mesures prises par M. le maire d'Eperlecques, en vue d'arrêter la propagation de l'épizootie se sont bornées à l'interdiction de la sortie des animaux de la commune, et à la formation d'un cordon sanitaire dans un rayon d'environ 400 mètres du foyer.

On n'a abattu *préventivement* aucune des bêtes qui s'étaient trouvées en contact avec les premières atteintes. On a seulement séquestré les malades, qu'on a observés sans les traiter jusqu'au moment où le typhus s'est caractérisé d'une manière complète

M. Leroy déclare n'avoir pas voulu conseiller l'abattage préventif des bêtes contaminées, bien qu'il n'hésite pas à reconnaître que l'application de cette mesure eût étouffé, à Eperlecques, le typhus à son début. Ce qui l'a fait hésiter à recourir à une mesure si rigoureuse, c'est que, l'indemnité accordée par le gouvernement n'étant que du tiers de la valeur des animaux sacrifiés, il a craint d'infliger aux propriétaires des pâtures infectées des pertes trop considérables.

Le typhus a été étudié à Eperlecques, non-seulement par M. Leroy, mais encore par d'autres vétérinaires, et notamment par MM. Collette, de Watten, Duval, de Bourbourg, et Ducrocq, d'Aire.

TABLE DES MATIÈRES.

Douai. — Imprimerie de L. Crépin, rue des Procureurs, 32.

INCAL.—IMP. L. CRÉPIN.